D0916538

Ces gens qui
CHANGENT LA TERRE

Suzanne Dion Pascale Tremblay

Ces gens qui CHANGENT LA TERRE

LES ÉDITIONS LA PRESSE

Catalogage avant publication de Bibliothèque et Archives nationales du Québec et Bibliothèque et Archives Canada

Dion, Suzanne

Ces gens qui changent la Terre

ISBN 978-2-89705-024-5

1. Agriculteurs - Québec (Province). 2. Agriculture - Innovations - Québec (Province). 3. Industries agricoles - Québec (Province). 4. Agriculture durable - Québec (Province). I. Tremblay, Pascale, 1962- . II. Titre.

S451.5.Q8D56 2012 630.92'2714 C2012-940569-8

Directrice de l'édition : Martine Pelletier

Éditrice déléguée : Sylvie Latour

Conception de la couverture et mise en page : Pascal Simard assisté de Marguerite Brooks

Révision : Sophie Sainte-Marie

Correction d'épreuves : Hélène Detrait

L'éditeur bénéficie du soutien de la Société de développement des entreprises culturelles du Québec (SODEC) pour son programme d'édition et pour ses activités de promotion.

L'éditeur remercie le gouvernement du Québec de l'aide financière accordée à l'édition de cet ouvrage par l'entremise du Programme d'impôt pour l'édition de livres, administré par la SODEC.

Nous reconnaissons l'aide financière du gouvernement du Canada par l'entremise du Programme d'aide au développement de l'industrie de l'édition (PADIÉ) pour nos activités d'édition.

Dépôt légal – 2e trimestre 2012
ISBN 978-2-89705-024-5
Imprimé au Canada

LES ÉDITIONS **LA PRESSE**
Présidente
Caroline Jamet

Les Éditions La Presse
7, rue Saint-Jacques
Montréal (Québec) H2Y 1K9

Je crois de plus en plus qu'il y a un lien entre la terre et la poésie. Et que la tranquille disparition de la vie paysanne aura un impact sur notre sensibilité. Quelqu'un qui a pu planter un arbre dans son enfance et qui l'a regardé pousser au cours de sa vie n'a pas la même notion du temps et de l'espace qu'un autre né au cœur d'une ville pleine d'urgences et de bruits et pour qui les vaches sont des voitures.

Dany Laferrière

L'art presque perdu de ne rien faire

TABLE DES MATIÈRES

PRÉFACE

L'agriculture québécoise a été bousculée depuis un quart de siècle. Elle n'est pas au bout de ses peines, interpellée par la mondialisation, la concurrence, les progrès technologiques, l'évolution de sa clientèle. Elle devra donc s'adapter encore et encore, accepter le changement, en profiter plutôt que de le subir.

Les pressions qui s'exercent sur le monde agricole et les défis que celui-ci doit relever sont le plus souvent abordées, dans le débat public, à travers un prisme politique et administratif : rapports de commissions, initiatives gouvernementales, ou encore négociations entre l'État et les organisations qui représentent les agriculteurs.

Le très beau livre de Suzanne Dion et de Pascale Tremblay porte sur le changement en agriculture. Mais il l'aborde d'une tout autre façon, en le montrant dans l'action, sur le terrain, à travers les portraits d'une vingtaine d'artisans du secteur agroalimentaire. Des artisans qui innovent, qui font preuve d'imagination et qui réussissent. Ces portraits sont porteurs d'un double message, ce qui permettra à cet ouvrage de rejoindre deux publics.

Le premier message s'adresse au monde agricole lui-même, trop souvent attaché au *statu quo*, facilement défaitiste, à qui les auteurs disent que non seulement le changement est possible, mais qu'il peut être couronné de succès. Il suggère des pistes, propose des exemples, avec une grille, bien sûr, celle d'une agriculture plurielle, où peuvent coexister plusieurs modèles ainsi que des exploitations de toutes tailles, mais qui mise sur la diversité des productions, sur la création de valeur ajoutée, sur l'innovation et qui intègre bien les problématiques de l'environnement, de l'occupation du territoire ou de la proximité.

L'autre message vise le grand public, une population québécoise essentiellement urbaine, qui a oublié ses racines rurales, qui comprend mal l'agriculture et s'en soucie assez peu. Cette indifférence s'explique en grande partie par le fait que notre agriculture est anonyme. Il n'y a pas beaucoup de liens directs entre l'agriculteur et les consommateurs urbains parce que le gros de l'activité agricole se concentre sur des monocultures destinées aux industries de transformation ou sur des produits indifférenciés, mis en marché par des intermédiaires.

Pour bâtir un pont entre les villes et les campagnes, il faut que les gens puissent associer l'agriculture à des villages et mettre un visage sur ses produits. C'est ce que fait *Ces gens qui changent la terre*. Une démarche qui aidera à créer une solidarité nécessaire entre le monde des villes et celui des campagnes.

Alain Dubuc
Chroniqueur à *La Presse*

INTRODUCTION

Montréal-Québec

C'est à l'occasion d'un trajet sur l'autoroute 20 entre Montréal et Québec que nous avons décidé qu'il était temps pour nous d'écrire ce livre. Cette route mythique, nous l'avions empruntée des dizaines de fois, chacune de notre côté, en méditant en solitaire sur les « grands enjeux agricoles ». Exceptionnellement, la géographe et l'agronome se retrouvaient dans une même voiture, échangeant à bâtons rompus, et les points de vue convergeaient.

Toutes deux avons des racines agricoles et avons été imprégnées de la culture de l'agriculture. Toutes deux y avons fait et y faisons encore carrière. Des carrières où l'écoute et l'observation sont nos plus précieux outils de travail. Nos rôles respectifs de communicatrice et de formatrice consistent, entre autres, à décoder, comprendre et écouter les gens de la terre, parfois à les aider à formuler leurs idées. Au fil des ans et à travers les dizaines, voire les centaines de témoignages d'agriculteurs, d'agronomes, de chercheurs, de professeurs, de dirigeants que nous avons écoutés, nos propres idées et croyances ont été confrontées, validées et enrichies. Nous avons cumulé une somme d'informations et de données : des points de vue, des faits, des théories. Nous constations, en échangeant ceux-ci, que l'on paie présentement les pots cassés de choix basés sur des théories économiques qui montrent leurs limites. Les solutions d'hier sont devenues les problèmes d'aujourd'hui.

De chaque côté de l'autoroute, la succession des champs de maïs et de soya créait le couvert végétal uniforme et parfait propre aux cultures intensives utilisant de grandes quantités d'engrais et de pesticides. De temps à autre, on remarquait des bâtiments, des porcheries, des poulaillers, où toute activité était confinée à l'intérieur des murs. Il y avait bien quelques fermes laitières, mais rarement des animaux au pâturage. Voilà à quoi ressemble le paysage créé par l'agriculture d'aujourd'hui non seulement au Québec, mais dans de nombreux endroits du monde. Nous nous demandions si un jour nous verrions évoluer ces paysages vers quelque chose d'autre, si notre agriculture trouverait une identité qui lui est propre. Pas que nous n'apprécions pas la fonction de ces monocultures à perte de vue, mais, à l'image d'une alimentation variée, nous considérons que la restauration rapide dépanne, que le bistrot du coin brise la routine, que le grand restaurant marque un événement et qu'un repas à la maison apporte du réconfort. La diversité des approches est aussi essentielle à l'agriculture.

À maintes reprises au cours de nos pérégrinations en milieu agricole, nous avons été témoins de la charge de travail et de l'immense responsabilité qui incombent aux agriculteurs. Nous avons observé la résilience de ceux-ci devant les aléas du climat, du marché et de la vie en général. À de nombreuses reprises, nous avons été touchées par leur disponibilité, leur générosité et leur sensibilité. Dans le but de susciter la réflexion, Jacques Proulx, qui a été président de l'Union des producteurs agricoles et de Solidarité rurale du Québec, a dit un jour : « L'agriculture disparaîtrait complètement du Québec que nos épiceries seraient encore pleines à craquer. » Ce scénario, bien que peu probable, fait effectivement réfléchir au rôle et à la place qu'occupe l'agriculture dans notre société. Si l'agriculture disparaissait, notre panier d'épicerie serait peut-être le même, mais nous étions toutes deux d'accord sur le fait que ce qui nous manquerait le plus du monde agricole, ce sont les valeurs profondes portées par ces hommes et ces femmes. Plusieurs d'entre eux sont des philosophes de la terre, et leurs témoignages ont influencé notre existence.

Au cours d'une vie, le mécanicien réparera des centaines de voitures, le médecin soignera des milliers de patients, le boulanger vendra autant sinon plus de pains, mais un agriculteur ne connaîtra qu'une trentaine de saisons de semis et de récoltes. Le temps et les gestes n'ont pas la même portée lorsque la nature nous dicte le rythme du travail, surtout dans un pays où l'hiver dure six mois. L'agriculture nous apprend, entre autres choses, la patience. Nous nous disions qu'il serait intéressant de faire découvrir à ceux et celles qui ne connaissent pas beaucoup ce milieu, des gens qui nous ont inspirées et qui peuvent être des exemples pour beaucoup d'autres.

À la hauteur d'Issoudun, nous avions dressé une liste de personnes qui, selon nous, représentent les valeurs du monde agricole. Elles ont mené des projets ne correspondant pas à la voie royale tracée par les politiques en vigueur depuis des décennies. Elles ont emprunté des chemins plus risqués, mais porteurs d'avenir par la création de nouveaux produits, de nouvelles pratiques agronomiques, de nouveaux modèles d'affaires. Elles nous ont marquées par leur volonté de faire différent, de sortir du cadre, d'innover. Nous aurions pu en doubler le nombre. Plusieurs autres mériteraient d'être mieux connues ou reconnues du public pour ce qu'elles ont accompli.

Nous sommes aussi conscientes que de nombreuses autres personnes ont changé la terre à leur façon : des ministres, des présidents d'organisations diverses, des spécialistes, de hauts fonctionnaires. Nous avons délibérément élaboré un assortiment de personnes qui ont effectué ce que l'on pourrait appeler un travail de terrain dans des situations variées. Toutes ont accepté avec empressement de participer à cette réflexion, et nous leur en sommes reconnaissantes.

Souvent, le changement fait peur. Il déstabilise les individus et les communautés. Au point où nous en sommes, mieux vaut cela que le *statu quo*. Cet ouvrage apporte des arguments à cette affirmation. Il veut montrer que des changements dans nos campagnes peuvent être bénéfiques à l'ensemble du Québec. Les gens dont il est question dans cet ouvrage n'ont pas attendu une commission, une consultation, une politique, une subvention, un agronome, un banquier pour faire ce qu'ils avaient à faire ou, plutôt, ce qu'ils avaient le goût de faire. Quand le goût et la passion y sont, les choses ne sont pas nécessairement faciles, mais on trouve un sens aux difficultés que l'on rencontre et elles renforcent plutôt qu'elles affaiblissent. La reconnaissance dont nous avons tous besoin leur est venue de l'intérieur, puis de l'extérieur.

Ces personnes heureuses, innovatrices, qui se démarquent, seraient encore plus nombreuses si nos politiques avaient été à la hauteur de telles visions, et la route entre Montréal et Québec présenterait un autre visage de l'agriculture. Comment se fait-il que, bien que collectivement l'on s'entende sur la nécessité, voire l'urgence, d'aller vers quelque chose de mieux pour notre agriculture, nous n'aboutissions... à pas grand-chose? Nous sommes toujours en attente d'une politique agricole qui nous mobilisera, nous ralliera autour de nouveaux idéaux partagés avec l'ensemble de la société.

Nous reconnaissons qu'il n'y a pas de solution unique aux problèmes complexes et que l'heure n'est pas à la critique, mais bien à la restructuration. Le temps presse si l'on veut insuffler un vent de renouveau à l'agriculture, car c'est bien là l'objet de cette démarche. Par cet ouvrage, nous avons voulu faire notre part, la part du colibri, comme l'a dit Christian Barthomeuf.

Ce livre s'adresse à tous ceux et celles qui portent un intérêt à l'agriculture et qui veulent mieux la comprendre. L'agriculture est un sujet vaste, complexe et, il faut bien l'avouer, parfois aride. Nous souhaitions donc offrir aux lecteurs un livre convivial, qu'il soit lu de la première à la dernière page ou par section.

Il nous apparaissait indispensable de débuter en exposant certains enjeux majeurs auxquels font face agriculteurs et acteurs du monde agricole. Cette section, « Des enjeux à considérer », met la table pour la suite. Il s'agit de portraits d'hommes et de femmes qui proposent des façons de faire innovantes et différentes. Ces 20 portraits mènent à des réflexions engagées portant sur différents thèmes : la mise en marché collective, l'environnement, l'innovation et le savoir. Tous ces éléments offrent une vision d'ensemble des défis et des possibilités de l'agriculture du Québec.

DES ENJEUX À CONSIDÉRER

Pendant plusieurs décennies après la guerre, les agricultures des pays développés ont répondu à une demande claire de la population mondiale : augmenter la production. Les chercheurs, les entreprises fournissant des technologies de toutes sortes ont proposé aux agriculteurs des moyens d'accroître leurs rendements. Ces derniers ont appris de nouvelles façons de faire et ont répondu aux attentes. L'agriculture du Québec a participé à ce mouvement de modernisation appuyé par des politiques correspondant aux besoins de changement du moment. L'agriculture du Québec, jusqu'alors plus traditionnelle que celles de l'Ontario ou des États-Unis, les a rejointes.

Depuis, des pays qui étaient des clients de longue date sont devenus des compétiteurs. D'autres, qui peinaient pour nourrir leur population, sont devenus des exportateurs de denrées agricoles. La population qui ne demandait aux agriculteurs que de fournir de grandes quantités de denrées s'est mise à exiger bien d'autres choses. Ses attentes se situent maintenant du côté de la qualité, de la protection de l'environnement, du développement durable, etc. La petitesse de notre territoire et ces nouveaux contextes locaux et mondiaux obligent l'agriculture du Québec à modifier sa trajectoire. Elle fait face à de nouveaux enjeux que nous résumons ici en huit volets.

UNE SOLIDARITÉ À RETROUVER

Dans nos conversations avec les agriculteurs vient immanquablement un moment où l'un d'eux exprime ses frustrations par rapport aux citadins ainsi que ses regrets de ne pas être reconnu à sa juste valeur par eux. Un grand nombre d'agriculteurs ont l'impression de travailler plus que d'autres groupes, de ne pas avoir les avantages dont la majorité des gens bénéficient :

vacances, fins de semaine libres, etc. Ils estiment aussi que les citadins ne paient pas leurs produits agricoles à leur juste valeur...

Les agriculteurs ont la réputation de ne jamais être contents de leur sort et cette réputation a ses fondements. En milieu agricole, il est mieux vu de parler des difficultés que des succès. Ceux-ci sont encore suspects, et le discours de ceux qui se plaignent est davantage relayé que celui des satisfaits ! Pour négocier de l'aide, il vaut mieux aussi ne pas trop vanter ses succès. Pourtant, il y en a, tout comme il y a aussi des gens satisfaits.

Les citadins, pour leur part, aiment bien les agriculteurs qu'ils connaissent, par ailleurs, très peu. Cependant, ils se méfient de plus en plus de l'agriculture qu'ils comprennent de façon superficielle par les généralisations qui entourent toutes les questions portant sur l'alimentation, le bien-être animal, la protection de l'environnement, car, en agriculture comme ailleurs, on fait surtout la manchette lorsque des problèmes surviennent : scandales alimentaires, pollution des cours d'eau, demandes d'aide financière...

Reconnaissons que peu de groupes dans la société sont aussi bien couverts par les médias que les agriculteurs. Nombre d'émissions de radio et de télévision exposent les réalités du monde agricole. Pensons à l'institution que constitue *La semaine verte*, suivie depuis des décennies par des centaines de milliers de personnes, des citadins pour la plupart. Mais les réalités agricoles sont plus complexes qu'il n'y paraît et parfois difficiles à suivre pour des non-initiés.

L'agriculture est devenue très spécialisée, et la grande partie des denrées agricoles sont vendues par l'intermédiaire d'organismes qui, bien qu'améliorant l'efficacité de la mise en marché, tiennent les agriculteurs loin des consommateurs. Si certains producteurs maraîchers ou ceux qui vendent eux-mêmes leurs fromages reçoivent de la reconnaissance quotidienne pour leur travail, il n'en va pas de même pour un grand producteur de céréales, de lait, de porcs, de volaille ou d'œufs.

Le milieu agricole exprime ce besoin de reconnaissance pour l'ensemble de ce qu'il apporte à la population sur les plans économique, social et environnemental. Les citadins sont prêts à donner cette reconnaissance, mais ne comprennent pas bien la portée du travail des agriculteurs. En reconnaissant aussi ce que la ville et les citadins leur apportent en retour, entre autres un soutien financier, les agriculteurs créeraient une meilleure relation avec leurs différentes clientèles dont l'appui leur est nécessaire.

Des événements comme le blocage des routes ou des sentiers de motoneige, le gaspillage de denrées, l'abattage public de bétail par des agriculteurs mécontents des politiques gouvernementales constituent l'inverse de ce qu'il faut faire pour instaurer cette reconnaissance. Dans une situation semblable, les agriculteurs donnent à leurs concitoyens l'impression qu'ils n'ont aucune considération pour leurs besoins et leurs valeurs, qu'ils ne sont préoccupés que par leurs propres intérêts. Ils dilapident ainsi leur capital de sympathie.

En fait, il y a une énorme différence entre les besoins, les réactions, les attentes des agriculteurs et celles de leur association syndicale qui organise de tels moyens de pression. Les personnes que nous avons rencontrées dans le cadre de cet ouvrage, comme de nombreux autres agriculteurs, entretiennent le dialogue que nous pensons nécessaire et utile tant aux citadins qu'aux ruraux. Certains en ont même fait leur mission.

L'INNOVATION POUR ASSURER L'AVENIR

Les demandes intérieures et extérieures des dernières décennies exigeaient que l'on augmente la production de calories et de protéines. Comme les agricultures de bien d'autres pays, celle du Québec a axé son développement sur la production de denrées de large consommation, telles que le lait, le maïs, le porc, accordant moins d'importance à des produits à haute valeur ajoutée s'adressant le plus souvent à des clientèles spécifiques moins nombreuses que pour les produits de base.

La vache Canadienne n'était pas suffisamment productive ? On a opté pour la Holstein. Les rendements à l'hectare devaient croître ? On augmentait les épandages d'engrais. Les herbicides, les insecticides, les antibiotiques, les semences génétiquement modifiées, les hormones étaient tous utilisés sans qu'on s'interroge. La sécurité alimentaire n'avait pas la même signification qu'aujourd'hui : elle signifiait faire manger chacun à sa faim. Et cela, à l'échelle mondiale.

Notre petit territoire nordique pouvait avoir sa place dans cette course à la production même si le coût de revient de ses produits était assez élevé. Aujourd'hui, des pays comme le Brésil, la Chine et l'Inde peuvent offrir les mêmes produits à des prix beaucoup plus avantageux pour les consommateurs. Ils n'ont pas à supporter les coûts reliés aux contraintes de nos hivers ainsi que ceux de notre main-d'œuvre et de nos mesures sociales.

Il est en effet difficile pour le Québec de concurrencer les grandes plaines américaines ou les immenses fermes brésiliennes pour produire du maïs. C'est ainsi que la place de notre industrie porcine sur les marchés internationaux se retrouve constamment menacée alors que les États-Unis, jadis notre principal client, est devenu un compétiteur redoutable qui réussit à placer ses produits sur les tablettes de nos épiceries. Les productions d'œufs, de lait et de volaille actuellement protégées par des barrières tarifaires élevées sont vulnérables devant une éventuelle ouverture des marchés.

Pour maintenir sa place, non seulement sur l'échiquier mondial, mais aussi dans les paniers d'épicerie des Québécois, notre agriculture doit être sans arrêt attentive aux changements dans les attentes des consommateurs, améliorer la qualité des produits, miser sur ses atouts et ses spécificités, et tenter de transformer ses contraintes en avantages. D'ailleurs, ceux qui innovent s'en sortent bien.

Les Québécois sont réputés pour leur créativité et leur sens de l'innovation. Les agriculteurs québécois ont démontré très souvent leur capacité à intégrer de nouvelles technologies et à imaginer des solutions adaptées à de nouveaux contextes, que ce soit dans le domaine de la génétique, des machineries agricoles, de la culture en serre ou de la transformation des produits. Ces capacités doivent trouver de nouveaux champs d'action.

LA FERME MOYENNE EN VOIE D'EXTINCTION

Les programmes de soutien à l'agriculture et les normes mises en place pour y accéder ont encouragé les agriculteurs à grossir leurs entreprises. Il y a 30 ans, les fermes québécoises étaient petites si on les comparait à leur environnement économique, et cette croissance de la ferme moyenne était nécessaire pour assurer aux familles un revenu adéquat. Un certain rattrapage devait se faire. Mais avec les années, la croissance a été perçue comme le seul moyen d'assurer la pérennité d'une entreprise, et un grand nombre d'agriculteurs se sont sentis obligés d'augmenter les superficies cultivées et les troupeaux, de même que les quotas de production.

Cette course à la croissance a eu des inconvénients. Dans la compétition pour l'achat de terres, par exemple, les grosses fermes sont avantagées, car avec les modes de soutien actuels, ce sont ces fermes qui peuvent offrir aux prêteurs les meilleures garanties. Il y a ainsi des fermes qui grossissent toujours, et d'autres qui ne peuvent le faire. Pourtant, il existe de petites fermes très rentables, et des grosses qui ne vivent que parce que l'État les soutient.

La croissance rapide des entreprises impose aussi des défis à la relève. Il arrive que les enfants ne souhaitent pas poursuivre les ambitions de leurs parents, qu'ils vont jusqu'à juger démesurées. Parfois aussi, les grandes entreprises doivent être transmises à plusieurs enfants alors que ceux-ci ne souhaitent pas travailler ensemble. Dans d'autres cas, les fermes sont trop endettées pour pouvoir être transmises.

La reprise des fermes par une nouvelle génération est surtout limitée par la valeur marchande de ces entreprises qui est devenue beaucoup plus importante que leur valeur économique. Les gros producteurs qui ont déjà beaucoup d'actifs peuvent se les payer, mais pas un jeune, car les revenus qu'il retirera de sa ferme ne paieront pas les emprunts qu'il a dû faire pour l'acquérir.

Il y a suffisamment de jeunes intéressés par l'agriculture pour assurer le renouvellement des troupes, mais il leur est difficile de reprendre des fermes moyennes à moins que leurs parents préparent leur arrivée de longue date et leur transfèrent une partie de leurs biens. Ceux qui ne sont pas dans cette situation peuvent se tourner vers de plus petits projets, mais ceux-ci sont souvent moins faciles à financer... surtout parce qu'ils sont moins soutenus par les programmes gouvernementaux.

Le milieu rural et les consommateurs ont besoin de petites, de moyennes et de grandes fermes. Ce sont souvent les petites qui apportent la nouveauté, les produits de niche. Les petites et les moyennes sont aussi importantes pour maintenir les services en milieu rural : les enfants de ces familles justifient une école ; leur clientèle, un bureau de poste ; etc. Les grandes fermes, elles, offrent des emplois. Toutes maintiennent en vie la coopérative, la vie du village...

Pour fournir les 21 repas par semaine que nous prenons, nous avons besoin de fermes économiquement robustes et diversifiées sur lesquelles le secteur de la transformation peut compter. Il s'agissait jusqu'à maintenant de moyennes et grandes fermes, les plus petites se concentrant habituellement sur des produits à valeur ajoutée. Mais depuis une dizaine d'années, nous assistons à la bipolarisation des types de fermes : les petites et les grandes. Or, perdre les moyennes au profit des grandes affaiblit le tissu rural et donne moins de possibilités à ceux qui veulent en vivre.

Chaque gestionnaire d'entreprise agricole doit avoir la possibilité de développer un projet qui lui ressemble, qui correspond à sa formation, son expérience, ses valeurs, ses intérêts. Cette diversité est riche pour les consommateurs qui peuvent ainsi profiter d'une diversité de produits. Elle est riche pour les familles agricoles, car la détresse que l'on y constate de plus en plus est souvent liée à des projets qui ont amené les gens très loin de leur « vraie nature ».

DES AGRICULTEURS EN EAUX TROUBLES

Il y a une cinquantaine d'années, les familles agricoles affichaient des revenus plus faibles que les autres groupes de la société. Afin de résoudre ce problème, le Québec et le Canada, à l'instar de l'ensemble des pays développés, ont mis en place des programmes de soutien de l'agriculture qui ont eu des bienfaits. Aujourd'hui, le revenu moyen des familles agricoles dépasse légèrement celui des familles urbaines et, de façon assez substantielle, celui des familles rurales autres qu'agricoles. Mais il s'agit là de moyennes : il y a des familles qui restent dans des situations financières difficiles.

La course à la croissance dont nous parlions plus haut a amené certains agriculteurs à faire des choix qui ne correspondaient ni à leurs objectifs de vie, ni à leurs compétences, ni à leurs capacités financières. Afin de répondre aux normes des programmes de soutien ou de profiter au maximum de cette aide, ils se sont trop endettés. Le taux d'endettement des fermes québécoises est de 55 % plus élevé que celui des fermes ontariennes. Cet endettement les met en position risquée à chaque modification des conditions économiques.

L'endettement actuel compte pour beaucoup dans le stress et parfois dans le désarroi des familles agricoles. Elles voient leur situation financière difficile comme un manque de reconnaissance de la société alors que le Québec soutient son agriculture plus que les autres provinces canadiennes et même plus que les États-Unis. Il n'y a que la Norvège qui soutient autant son agriculture que le Québec, dont l'économie n'est pourtant pas des plus riches. Cependant, l'aide apportée contribue parfois à amplifier le problème.

Le principal programme de soutien agricole québécois est conçu de façon telle que plus un agriculteur produit de maïs, de porcs, d'agneaux ou d'une autre denrée, plus il reçoit d'indemnités. Un certain seuil de production est même exigé pour profiter des programmes. Or, certains producteurs grossissent ainsi artificiellement leur production afin d'accroître leurs revenus alors que le marché est à la baisse. Une petite production, aidée autrement, aurait permis à ces familles de vivre mieux.

Les moyens que l'on a pris pour soutenir l'agriculture sont maintenant à revoir, car ils ont eu des effets pervers qui ont rendu les agriculteurs plus vulnérables ici qu'ailleurs. Ces programmes les ont surtout coupés des signaux du marché, les amenant à faire des choix individuels et collectifs antiéconomiques qui conduisent parfois à des situations dramatiques.

Malheureusement, leurs représentants syndicaux font là-dessus une réflexion à courte vue et réclament toujours plus d'aide. Ils s'opposent aux timides changements que proposent le ministère de l'Agriculture et la Financière agricole, l'organisme responsable du financement et de l'aide financière aux agriculteurs, qui permettraient à moyen terme de diminuer leur vulnérabilité et de consacrer les budgets à préparer l'avenir.

Les entreprises que nous décrivons dans ce livre sont des exemples de projets de différentes tailles, équilibrés et cohérents qui permettent à leurs propriétaires de bien vivre en tenant compte des possibilités et des contraintes actuelles qu'ils rencontrent et que l'avenir peut présenter. Ces gens font preuve d'un entrepreneurship réfléchi, ce qui leur permet de regarder l'avenir avec plus de confiance. Ils ont utilisé l'aide de l'État afin d'améliorer leur sécurité et non pas pour courir de trop grands risques.

LE PAYSAGE OUBLIÉ

L'agriculture est un créateur de paysage. Charlevoix ne susciterait pas autant d'intérêt chez les artistes et les villégiateurs si l'agriculture n'avait pas ouvert des perspectives sur le fleuve. Ce sont les parcelles agricoles qui donnent leurs particularités aux paysages des basses terres du Saint-Laurent si différents de ceux de l'Estrie. Apprécierions-nous autant la campagne si nous ne pouvions y observer les multiples productions aux couleurs différentes ?

Selon Gérald Domon, professeur titulaire à l'École d'architecture de paysage de l'Université de Montréal, pour une majorité d'entre nous, le paysage est la principale porte d'entrée pour prendre contact avec l'agriculture. C'est à travers le paysage que la population peut renouer avec la base de production de son alimentation, établir des rapports de confiance avec les pratiques et apprécier l'agriculture dans son ensemble. Depuis toujours, les agriculteurs ont été les jardiniers de nos paysages.

Au fil des ans, le paysage agricole québécois a perdu de sa qualité et de son identité. On pourrait le confondre avec le paysage de bien d'autres régions d'agriculture industrialisée. Il y a de moins en moins d'animaux à l'extérieur. Les exigences d'une agriculture lourdement mécanisée ont amené les agriculteurs à enlever haies et clôtures. Les monocultures ont enlevé de la variété au paysage. Les bâtiments agricoles ont emprunté aux bâtiments industriels formes et matériaux. Les belles granges d'autrefois, les poulaillers, les bergeries ont perdu leur allure typique à travers le processus d'uniformisation et d'industrialisation de l'agriculture.

En Bavière, des étables laitières sont construites dans le respect d'une tradition architecturale plusieurs fois centenaire. Ces bâtiments jouissent des équipements à la fine pointe de la technologie. Ils ont été intégrés de façon à ne pas nuire à l'harmonie des lieux. La modernisation peut se faire en respectant l'histoire et l'esthétique.

Sauf en ce qui a trait à la valorisation des aménagements paysagers par les concours des Fleurons du Québec, bien peu a été fait du côté agricole pour encourager le maintien et la création des paysages, contrairement aux politiques européennes qui valorisent le paysage et l'architecture rurale. De récents programmes d'aide permettront peut-être de donner une reconnaissance à ceux qui s'en préoccupent. Car il y en a. Le souci esthétique n'est pas absent chez les familles agricoles. Loin de là.

Même si ce volet des entreprises agricoles n'a pas été encouragé, nous constatons que les agriculteurs québécois sont fiers de l'allure de leur entreprise. Plusieurs agriculteurs sensibles aux questions d'érosion se sont remis à aménager des bandes riveraines et à planter de belles haies servant de brise-vent. Des projets environnementaux se manifestent de plus en plus dans le paysage, et l'horticulture ornementale se trouve une nouvelle vocation.

DES IDÉAUX À REVOIR

Comme consommateurs, nous avons plongé dans l'abondance des produits alimentaires importés que nous proposent les épiceries... et nous avons presque oublié les saisons. Qui connaît encore les saisons des asperges, des fraises et du maïs sucré ? Heureusement, des mouvements comme Slow Food, des initiatives comme l'agriculture soutenue par la communauté, le développement des marchés publics nous ramènent aux cycles des saisons.

L'importance que l'on a accordée au marché mondial et à la compétition a poussé certains agriculteurs à s'éloigner des préoccupations de leur région. L'enthousiasme pour la compétition mondiale leur a fait perdre de vue des objectifs qui étaient traditionnellement ceux du milieu agricole : travailler avec et pour les gens de sa région, prendre soin de l'environnement et du paysage, être fier de son travail et de ses produits... Ce sont ces valeurs qui les ont enrichis. Pourtant, dans certains milieux, on considère comme de vrais agriculteurs ceux qui parlent rentabilité, marché de masse, exportation... Ceux qui produisent beaucoup et à bas prix doivent survivre. Les autres sont des rêveurs.

Heureusement, il y a tout de même beaucoup de rêveurs. Plusieurs agriculteurs ont maintenu des idéaux autres que celui du profit à tout prix. Ils sont nombreux à avoir fait des choix d'entreprises favorisant la qualité et la protection de l'environnement, l'emploi des jeunes de leur région, les liens avec leur coopérative régionale, des circuits de mise en marché locaux ou régionaux, le développement de projets particuliers à leur région. Et ils en vivent bien !

Il y a des gens provenant d'autres milieux ou de l'extérieur du pays qui sont venus les rejoindre, apportant des façons différentes de voir les choses. Ensemble, ils ont ouvert des portes, appris les uns des autres, accepté de faire partie du groupe des marginaux avec ce que cela comporte d'isolement. L'une de leurs stratégies a consisté à créer diverses sortes d'alliances.

Nos exemples montrent que divers types de partenariats peuvent être mis en place pour faire face au monde de la compétition et des grands conglomérats. Coopératives, associations, maillages, utilisation d'Internet, ententes souples autour d'un projet, entraide, etc. permettent de profiter de la force d'être ensemble tout en jouissant de l'autonomie de l'entrepreneur.

La formule de la mise en marché collective obligatoire qui s'est élaborée depuis les 30 dernières années a tendance à être vue par ceux qui la gèrent comme la seule façon de protéger les agriculteurs devant les grandes entreprises de transformation. Les portraits suivants montrent qu'il s'agit d'une formule parmi d'autres qui donnent dans certains cas de très bons résultats. Certains déplorent cependant que l'imposition des prélèvements liés à cette formule puisse parfois mettre leurs entreprises en péril.

LE DÉFI ALIMENTAIRE

Les Québécois augmentent leurs exigences envers l'agriculture. Mais ce n'est rien par rapport aux demandes qui proviendront d'une population mondiale croissante. Nourrir cette population dans un contexte de coûts de l'énergie plus importants, de rareté de l'eau, de terres arables de qualité représentera un grand défi pour l'humanité. Devant une demande très forte, le Québec doit faire sa part. Notre territoire agricole n'est pas grand, mais nos ressources en eau sont immenses et nous serons sur ce plan dans une position privilégiée, à condition de bien les gérer.

Les produits de notre agriculture ont toujours été exportés. Pensons au cheddar que nous avons longtemps exporté en Angleterre, son pays d'origine. Nous exportons actuellement de la génétique bovine partout dans le monde. Les filets de porc de nos élevages sont dégustés au Japon, et notre sirop d'érable voyage aussi bien aux États-Unis qu'en Asie.

L'exportation de produits agricoles est nécessaire, ne serait-ce que pour contribuer à la balance commerciale et équilibrer ce que nous devons importer des zones tropicales. Elle l'est aussi parce qu'elle assure l'alimentation de notre population à meilleur prix, car un certain taux de production permet des économies d'échelle. L'exportation est nécessaire à notre souveraineté alimentaire tout en nous liant au reste du monde.

La question n'est pas de savoir *si nous devons* exporter, mais *ce que nous allons* exporter. Nous n'avons pas toujours les atouts pour concurrencer les volumes de production à bas prix des pays émergents. Pensons, par exemple, à la production bovine et aux céréales destinées à l'alimentation du bétail. Nous avons beaucoup d'atouts pour nous faire une place dans l'exportation de produits de haute valeur, dans l'exportation de savoirs et de technologies, en misant sur le savoir-faire de notre main-d'œuvre, des pratiques agronomiques de haut niveau, notre réputation quant à la salubrité et l'innocuité des aliments et à notre capacité à nous allier à d'autres pour atteindre des objectifs élevés. Les produits de l'érable, les nutraceutiques extraits des fruits nordiques, les aliments santé, la génétique, les produits nécessaires à l'agriculture raisonnée comme les *phytopesticides* en sont des exemples. On pourrait y ajouter les légumes produits avec de l'eau de qualité, les charcuteries fines et nos excellents fromages.

Un produit fabriqué au Québec devrait être synonyme d'excellence autant du point de vue du goût que de celui de la protection de l'environnement, de la valeur pour la santé que de sa présentation. Des objectifs comme ceux-là ne devraient-ils pas être partagés par les producteurs comme par les consommateurs québécois ? Est-ce que ça ne devrait pas faire partie d'un nouveau pacte entre eux ? Compte tenu de l'étendue de notre jardin, des politiques modernes et visionnaires pourraient faire du Québec un lieu d'agriculture responsable et durable d'où partiraient des produits de haute qualité à valeur ajoutée.

LES SCIENCES DE LA VIE À MAÎTRISER

Depuis que l'homme cultive la terre et pratique l'élevage, il a toujours cherché à améliorer la génétique des plantes et des animaux, principalement par la sélection des meilleurs plants et des meilleurs sujets reproducteurs. Mais en moins de temps qu'il n'en faut pour dire «OGM», le maïs, le canola et le soya génétiquement modifiés ont envahi notre territoire sans que nous ayons pu évaluer les conséquences de leur arrivée.

Ces semences ont été vendues aux producteurs avec la promesse de faciliter leur travail, d'améliorer les rendements et de réduire l'utilisation de certains herbicides. Les quelques grandes compagnies qui ont financé la recherche sur les OGM et qui détiennent les brevets de ces avancées technologiques contrôlent ainsi une partie importante du commerce des semences à l'échelle de la planète. Il y a de quoi s'inquiéter pour l'autonomie des agriculteurs ainsi que pour la nôtre.

Cette technologie et la façon vigoureuse et insidieuse que les grands conglomérats ont utilisées pour l'implanter ont suscité un tollé et la bipolarisation des positions. Certains y voient un moyen de répondre aux besoins croissants de la population mondiale : les OGM vont sauver l'humanité. D'autres y voient la contamination de l'ensemble de l'agriculture : une menace pour l'humanité.

Du tracteur à l'insémination artificielle, les avancées scientifiques dans le monde agricole ont souvent suscité des réactions négatives, pour ensuite être adoptées largement. Les tenants des OGM se demandent pourquoi il faudrait se passer d'un tel outil de production et considèrent que les résistances à s'en servir relèvent de l'obscurantisme. D'autres estiment qu'il faudrait connaître davantage les impacts à long terme des OGM avant de les généraliser. Ils pensent que la manipulation génétique par l'homme demande de meilleures balises afin d'éviter des erreurs que l'on pourrait difficilement corriger. Les avantages promis ne sont pas toujours au rendez-vous et des études commencent à démontrer des inconvénients que même ceux qui ne veulent pas les utiliser subissent.

En adoptant les semences génétiquement modifiées sans en mesurer la portée, nous avons choisi une façon de produire qui ne nous permet pas de nous démarquer des géants que sont les États-Unis, le Brésil, la Chine et l'Inde. Nous avons raté une occasion unique de distinguer notre territoire agricole de tous les autres dans le domaine des grandes cultures. Plus de la moitié de nos cultures de maïs et de soya sont génétiquement modifiées. Dans le cas du canola, c'est plus de 90 %. D'autres produits génétiquement modifiés feront leur apparition dans notre environnement, le maïs sucré par exemple. Aurons-nous la sagesse de remettre en question leur pertinence pour l'agriculture et l'ensemble de la société ? La même question se pose pour les nanosciences, c'est-à-dire l'application des technologies de l'infiniment petit, qui s'implantent dans tous les maillons de la chaîne alimentaire.

La connaissance permettra de résister à ceux qui accusent d'obscurantisme ceux qui veulent connaître les tenants et les aboutissants d'une technologie avant de l'adopter. Ces connaissances doivent dépasser le seul espace scientifique et s'étendre aux domaines de l'éthique, du politique et du social. Rien ne nous rend plus vulnérables que l'ignorance. Rester ouverts à ces percées scientifiques est de première importance, car, qu'on les adopte ou non, elles auront des conséquences sur notre avenir. Il faut les connaître suffisamment pour en mesurer la portée et pour éviter que les prochaines arrivées d'OGM ne soient intégrées dans nos campagnes à notre insu.

La « guerre des OGM » aura eu l'avantage de favoriser des prises de conscience dans les milieux urbains. Elle a fait réfléchir à l'importance de la diversité biologique et a attiré l'attention sur ce qui se passe dans les campagnes et qui concerne tout le monde. Les semenciers ont réussi à généraliser l'usage des OGM de façon bien maladroite, mais ils ont les moyens d'apprendre et de devenir plus subtils. Il y a donc lieu de faire preuve de vigilance et de connaissance.

*
* *

Certains agriculteurs travaillent à relever les défis auxquels l'agriculture du Québec est confrontée. Ils ont flairé les changements, les ont analysés et ont imaginé des stratégies innovatrices pour y faire face. Ce sont leurs histoires que nous vous présentons dans les prochaines pages. Ces 20 histoires montrent comment l'agriculture du Québec est en train de changer et comment elle pourrait changer davantage au bénéfice de tous.

Les quatre expériences qui suivent sont remarquables par la pensée stratégique dont leurs protagonistes ont fait preuve. Les choix de ceux-ci ont des conséquences positives multiples sur leur environnement physique, économique et social. Ces choix permettent à leurs entreprises de poursuivre leur lancée malgré des obstacles sérieux. Les Morin, Labbé, Pouliot et Léger n'ont pas gagné toutes leurs batailles, mais ils proposent de nouvelles façons de voir les choses, qui font leur chemin et qui ouvrent la voie à d'autres.

JEAN ET DOMINIC MORIN : UNE VISION POUR UNE VÉRITABLE AUTONOMIE

Les fromages exceptionnels produits par Jean et Dominic Morin témoignent de leur quête constante du meilleur d'eux-mêmes, d'une saine autonomie et du partage des connaissances acquises.

Jean et Dominic Morin
Ferme Louis D'or,
Fromagerie du Presbytère
Sainte-Élizabeth-de-Warwick
Production laitière biologique
et fabrication de fromages artisanaux.

D'avril à octobre, chaque vendredi vers 16 heures, des gens s'installent à des tables de bois octogonales dispersées sur la pelouse de l'ancien presbytère de Sainte-Élizabeth-de-Warwick transformé en fromagerie. Le fromage dans le petit-lait est sur le point de sortir des bassins. Certains ont apporté de la bière, du vin ou des croustilles pour accompagner le fromage qui, dans les prochaines heures, va changer de forme. À 18 heures, le fromage en grains sera prêt et la petite foule aura grandi. Il faudra avoir réservé sa portion, car la demande dépasse la production. Tous discutent, plusieurs se connaissent ou se reconnaissent dans la bonne humeur, comme jadis le dimanche sur le perron de l'église. Le fromage est le prétexte à cette nouvelle communion ! Les frères Jean et Dominic Morin, copropriétaires de la fromagerie et de la ferme Louis D'or juste en face, font partie de l'assemblée, faisant goûter un nouveau fromage, aidant au service, blaguant avec des connaissances.

La fierté que les gens de Sainte-Élizabeth éprouvent envers leur fromagerie, le plaisir qu'ils ont à déguster le Louis D'or, reconnu en 2011 meilleur fromage au Canada, comme celui que manifestent les amateurs de fromage en grains sont ce qui rend Jean Morin le plus fier. « Personne n'est parti d'ici malheureux. » La Fromagerie du Presbytère est devenue en quelques années seulement un lieu de rassemblement et une activité économique qui dynamise la paroisse. Les frères Morin en semblent très heureux. Il y a de quoi ! Leurs objectifs sont constamment dépassés. Leurs fromages raflent des prix très convoités au Québec et au Canada. Les valeurs qu'ils voulaient mettre de l'avant se vivent au quotidien. C'est la récolte d'un développement pensé dans l'équilibre et l'authenticité généreuse.

UNE HISTOIRE DE CHANGEMENT HARMONIEUX

C'est le grand-père Louis qui avait donné son nom à la ferme fondée par son propre père. Son fils Jean-Paul l'a ensuite transmise à ses fils Jean et Dominic. Poursuivant l'objectif d'assurer la pérennité de l'entreprise pour les générations futures, notamment de la prochaine qui commence à s'établir, certains tournants ont été pris. Après avoir assuré la relève au début des années 1980, les frères Morin s'intéressent à la production biologique et s'inscrivent à des formations. « Je ne voulais pas élever mes enfants dans les produits chimiques, affirme Jean. L'agriculture biologique représentait un défi professionnel stimulant que nous n'avons pas encore fini d'explorer. Il nous permettait aussi de relever le défi environnemental et d'être moins dépendants de tous les vendeurs d'engrais chimiques. » Avec d'autres producteurs bios, Jean et Dominic soutiennent la création du Centre de développement agrobiologique qui s'établit à Sainte-Élizabeth et qui les met en contact avec les premiers spécialistes : Denis Lafrance, Jacques Petit et Pierre Jobin. Encore maintenant, la ferme Louis D'or collabore, avec le Centre d'expertise et de transfert en agriculture biologique, à différents essais. « La recherche dans ce domaine me donne des défis pour le reste de ma vie et en assure à mes enfants. »

La production devient biologique, mais, à l'origine, le lait recueilli avec toute la production de la région ne bénéficiait d'aucune valorisation. En 1993, une dizaine de producteurs de lait biologique, dont Jean Morin est le président, fondent alors la fromagerie L'Ancêtre qui ne transformera que du lait biologique. Des négociations doivent être menées avec la Fédération des producteurs de lait qui vient d'organiser pour l'ensemble des producteurs laitiers québécois le ramassage du lait sans tenir compte du petit nombre de producteurs bios qui cherchent à se différencier par leur production. On devra rouvrir la convention et réorganiser les routes de transport afin de permettre la distinction du lait bio ainsi que du lait casher. Les actionnaires de la fromagerie L'Ancêtre optent pour la fabrication de cheddar, de beurre et de mozzarella, des produits à grand volume qui présentent moins de risques, tout en espérant plus tard faire des fromages fins. Leur succès est rapide. L'Ancêtre devient le leader canadien du cheddar bio. Il ne reste plus de place dans les plans de développement pour d'autres types de fromages.

Entre-temps, Jean a développé un intérêt pour les fromages français et particulièrement pour les fromages de garde. Il fait un voyage en France et y rencontre de grands spécialistes. Pour lui, l'aventure de L'Ancêtre, dont la ferme Louis D'or est encore aujourd'hui actionnaire, ne va pas au bout des possibilités qu'offre le lait de son troupeau. Au même moment, on discute autour de lui de l'utilisation et de la vente éventuelle du presbytère du village, en face de la ferme. Les frères Morin décident de l'acheter pour en faire une fromagerie. « Nous pouvions ainsi sauver un bâtiment patrimonial et possiblement dynamiser l'économie locale. » Jean va pouvoir aller plus loin dans ce qui est devenu une passion : « Je voulais simplement faire de bons fromages. » Ce choix va assurer encore plus d'autonomie aux propriétaires de la ferme Louis D'or.

L'AVENTURE DE LA FROMAGERIE DU PRESBYTÈRE

On débute modestement en 2006, en accordant de l'importance à l'esthétique et à l'harmonie qui caractérisent la ferme Louis D'or depuis longtemps. Le presbytère est restauré, mais conserve son style original. L'architecte chargé des agrandissements, qui ne tarderont pas à suivre, devra garder son caractère, utiliser des matériaux nobles et définir des volumes discrets. Au départ, le presbytère n'hébergera que des salles d'affinage pour Le Champayeur, un petit fromage de vache délicat à l'allure de fromage de chèvre. Le fromage sera fabriqué dans deux fromageries de la région. Rapidement, on fait des essais pour la fabrication d'un bleu qui deviendra Le Bleu d'Élizabeth et qui remportera maints honneurs, dont un Caseus d'or en 2009, et, en 2011, le prix du meilleur bleu du Canada. Dès 2009, on fabrique les fromages au presbytère et on ajoute des salles d'affinage, en particulier pour le Louis D'or, un fromage à pâte ferme dont on veut porter le vieillissement de 9 à 20 mois, car c'est à ce moment qu'il aura développé tous ses arômes. D'autres agrandissements sont réalisés en 2011 afin de répondre à la demande et de transformer l'ensemble du lait produit par le troupeau de la ferme.

Contrairement au modèle de développement ambiant qui pousse les agriculteurs à toujours faire plus – plus de terres, plus de quotas, plus de vaches –, les frères Morin ont voulu faire mieux. « Le bio nous a ouverts à une philosophie de faire différent et mieux. » Mieux dans la qualité du troupeau auquel on a ajouté une vingtaine de vaches Jersey pour la particularité de leur lait. Mieux dans les compétences fromagères où la constance représente toujours un défi. Mieux dans l'alimentation du troupeau. « Ce sont de bons foins qui font de bons fromages. » On poursuit les recherches : on met en relation la qualité des pâturages, la teneur en oméga 3 de l'herbe avec l'onctuosité et le goût des fromages. On cherche de nouvelles techniques de contrôle des mauvaises herbes. On expérimente pour trouver les essences les mieux adaptées. Les vaches du troupeau ne consomment pas d'ensilage, c'est-à-dire d'herbe ou de céréales conservées selon les principes de la fermentation anaérobie ; elles sont plutôt nourries de foin sec dont on perfectionne la production, notamment par les méthodes de récolte.

Les trois fils de Jean, tous inscrits ou finissants du collège Macdonald, ne reçoivent pas, au cours de leur formation, beaucoup d'encouragement à poursuivre dans le bio. On leur fait remarquer que leur production de lait par vache n'est pas élevée, mais ils connaissent suffisamment les avantages du bio pour poursuivre l'œuvre entreprise. « Ils assument ça à fond, explique Jean. Ils voient aussi le bio comme un défi professionnel. Ils auront à leur tour à faire des choix. Mon objectif était de voir à ce

La Fromagerie du Presbytère est devenue un lieu de rassemblement pour les habitants des environs.

qu'ils aient une bonne formation de base, qu'ils soient bien installés, heureux dans leur profession, et que, en cas d'ouverture des marchés, ils aient une forme de protection, ce que la fromagerie peut leur donner. Il leur reste plein de projets à réaliser.» Dans cette ferme de 200 hectares, on trait actuellement 85 vaches. On ne prévoit pas d'agrandissement majeur, mais plutôt une constante amélioration des connaissances et des pratiques. Les jeunes souhaitent moderniser les bâtiments, améliorer leurs conditions de travail et le confort des animaux. «C'est important, le bien-être des animaux. Ça signifie des animaux en santé, et une vache en santé donne du bon lait.»

Au moment de la création de la Fromagerie du Presbytère, les Morin planifiaient de transformer eux-mêmes 50 % du lait produit à la ferme ; ils en sont à 70 %, et la proportion s'accroît rapidement. Ils ont maintenant une carte de cinq fromages distinctifs, et un sixième est en préparation. Un fromage comme le Louis D'or ne peut être fabriqué par tous les petits fromagers, car il nécessite que le revenu provenant du lait soit retardé de plusieurs mois ! C'est l'équilibre du plan de développement qui permet ce type de projets, car ce sont les actifs de la ferme qui le supportent financièrement. Cet équilibre, recherché à différentes étapes de l'histoire de l'entreprise, lui assure une autonomie exemplaire.

LE CHOIX DE «FAIRE ENSEMBLE»

Le cheminement professionnel de Jean Morin est marqué par la création constante de groupes autour de lui. Ferme en partenariat avec son frère, groupe d'actionnaires de L'Ancêtre, Centre de développement agrobiologique, participation à différents organismes professionnels et dossiers de défense, projets communautaires... «Quand on collabore avec des gens, on en sort toujours grandi.» Actuellement, il appuie le développement de la petite entreprise de sa consultante fromagère, Marie-Chantal Houde, qui s'est mise, elle aussi, à gagner des prix. Celle-ci explique ainsi le succès de la Fromagerie du Presbytère : «Jean sait bien s'entourer. Il sait qu'il ne peut pas tout faire. Il nous pousse à nous dépasser. Il est généreux et n'a pas peur de partager. En fait, il n'est jamais dans la peur de perdre. Il récolte actuellement ce qu'il a semé.»

Comme initiateur de projets, Jean Morin a eu à pousser des portes qui tardaient parfois à s'ouvrir. Il ne garde pas d'animosité envers ceux qui ont possiblement retardé la marche. Mais il reste à l'affût des défis actuels. Il n'aime pas que les fromagers qui travaillent avec du lait cru soient regardés et surveillés comme des terroristes potentiels, et il n'apprécie pas du tout que les normes soient différentes pour les fromages étrangers et pour les fromages canadiens. «On exige de nous des normes sévères qui ont un coût, nos fromages doivent être vieillis plus de 60 jours, et on laisse entrer ici des fromages de lait cru qui ne répondent pas à ces exigences. On nous refuse la possibilité de travailler avec des cuves de fabrication en cuivre alors que ça se fait en Europe. Les exigences dans l'aménagement d'une fromagerie font en sorte que celle-ci coûte ici de quatre à six fois plus cher qu'en France et deux ou trois fois plus cher qu'aux États-Unis. Nous avons donc à travailler nos coûts de production. »

On ne tarit pas d'éloges sur les fromages des Morin. Au sujet du Louis D'or, le président du jury des Grands Prix des fromages canadiens, Phil Bélanger, affirme : « La richesse de son parfum de lait témoigne de l'excellence du lait biologique avec lequel il est fabriqué. Ce fromage est doté d'une texture lisse, de notes florales et d'un goût de noisette. S'inspirant du savoir-faire jurassien, le fromager a créé un fromage hors du commun. » Dans la boîte à idées de Jean Morin, l'une commence à prendre forme : le Louis D'or, unique et médaillé, pourrait-il devenir une appellation réservée ? Il ne pense pas augmenter considérablement sa production pour profiter seul de cette notoriété, mais essaie plutôt de développer une idée de projet de groupe : un Louis D'or produit par quelques producteurs sous cahier des charges. Encore les réseaux. Encore la collaboration. Encore la possibilité d'élargir le cercle amical. Encore un succès ? « Nous sommes dans un presbytère, à l'ombre de l'église. Nous sommes bénis ! » lance-t-il, tout sourire.

LA FAMILLE LABBÉ :
UNE ENTREPRISE VOUÉE À SA RÉGION

Cette entreprise familiale s'occupe de transformation laitière depuis 1948. La fabrication de fromage revêt pour les Labbé une importance capitale : c'est un outil de développement régional et d'occupation du territoire.

La famille Labbé
Laiterie Charlevoix
Baie-Saint-Paul
Transformation du lait provenant de fermes locales en différents fromages fins.

La production laitière et fromagère fait partie de la famille Labbé de Baie-Saint-Paul depuis plusieurs générations. Ce sont les grands-parents des sept frères Labbé, actuels propriétaires, qui ont bâti la Laiterie Charlevoix. Pendant bon nombre d'années, les Labbé ont embouteillé le lait des fermes de la région pour ensuite se spécialiser graduellement dans la fabrication du fromage. C'est dans les années 1990 que la Laiterie Charlevoix a pris son essor alors que les installations ont été complètement rebâties pour répondre aux normes fédérales. Les Labbé souhaitent alors miser sur le développement de nouveaux produits à valeur ajoutée : des fromages typés reflétant le caractère de la région. C'est aussi à cette époque qu'ils commencent à ressentir les effets de la mondialisation de l'agriculture dans leur coin de pays.

UNE RÉGION MENACÉE

Deux importantes fermes laitières de Baie-Saint-Paul ont cessé coup sur coup leurs activités en 2003, signe que la région n'échappait pas à la tendance mondiale : il y a de moins en moins de fermes, celles qui restent étant de plus en plus grosses. Charlevoix, de par sa nature, n'a rien pour se tailler une place dans cette dynamique du toujours plus gros. Sa géographie, sa topographie, son climat : tout la désavantage à cet égard. Si on avait laissé aller les choses, la fromagerie aurait bientôt dû importer le lait de l'extérieur de la région pour assurer son approvisionnement, ce qui ne faisait pas l'affaire des Labbé. « Mes frères et moi avons toujours été très actifs dans le développement touristique, culturel et économique de la région. Quand on a vu ces deux grosses fermes cesser leurs activités, on s'est dit que, si on ne voulait pas que la région devienne une région fantôme avec des terres abandonnées, il fallait faire quelque chose. Charlevoix a beaucoup d'attraits, mais, sans agriculture, tout ça perd de son authenticité. Ce serait une région morte. Il fallait trouver des façons de transformer nos faiblesses en forces, raconte Jean, l'aîné de la famille et directeur général de la Laiterie Charlevoix. On a fait des rencontres avec des producteurs de la place pour voir la possibilité de créer avec eux quelque chose de différent. On voulait revenir à une agriculture à plus petite échelle, mieux adaptée à notre milieu. Ici les terres sont petites, il y a de bons bâtiments anciens pouvant servir, mais ils ne conviennent pas aux vaches Holstein qui sont plus volumineuses. On souhaitait évoluer vers un modèle

Jean Labbé et Steve Essiambre, un des producteurs laitiers qui a reçu l'appui de la famille Labbé. «Nous avons besoin les uns des autres pour que la production laitière demeure dans notre région.»

mieux adapté à notre réalité. » Les habitudes étaient cependant bien ancrées, dans Charlevoix comme ailleurs au Québec : vaches Holstein, fermes hautement mécanisées, alimentation standardisée à base de moulée de maïs et d'ensilage. L'ensilage est une méthode de conservation du foin humide dans des silos ou sous forme d'énormes balles rondes enrobées de plastique blanc. « L'ensilage ne nous convient pas parce que nos fromages, lorsque fabriqués à partir de lait de vaches nourries à l'ensilage, fermentent et gonflent comme des ballons. » S'éloigner du modèle type n'est pas évident pour la plupart des agriculteurs déjà en activité. Après presque trois années de démarches infructueuses, une porte s'est ouverte. Une alliance nouveau genre allait se créer.

UN PARTENARIAT AVEC LA RELÈVE AGRICOLE

Les Labbé ont décidé d'investir dans la relève pour s'assurer un approvisionnement local en lait et pour contrer la disparition des fermes de la région. Bien des jeunes sont intéressés par la production laitière, mais les capitaux nécessaires leur rendent la chose inaccessible. C'est un peu l'histoire de Stéphanie Simard et de Steve Essiembre, un jeune couple gradué de l'Institut de technologie agroalimentaire de La Pocatière, qui avait mis de côté l'idée de devenir des producteurs laitiers. Les Labbé ont rallumé la flamme. Ensemble, ils ont élaboré un partenariat gagnant-gagnant. Les Labbé ont épaulé le jeune couple avec un prêt sans intérêt et un appui auprès de l'institution prêteuse pour procéder à l'achat d'un troupeau et de quotas. Ils ont aussi mis à leur disposition des terres familiales pour le pâturage et leur ont offert une prime pour chaque hectolitre de lait produit. Annuellement, cela frise les 20 000 $. C'est ainsi que la Ferme Stessi a pu voir le jour. En retour, leur trentaine de vaches Jersey produisent un lait qui s'harmonise au terroir de Charlevoix et qui répond aux attentes des fromagers. Les Jersey vont au pâturage, se nourrissent d'herbages et de foin sec ; il n'y a aucun ensilage dans le râtelier. À quelques mètres de la ferme, la Laiterie Charlevoix transforme cette matière première pour en faire L'Hercule, qui s'inspire du fromage comté. Une ferme ancestrale a repris ses fonctions, et l'Hercule de Charlevoix fait le bonheur des restaurateurs réputés de la région et des clients qui s'arrêtent au comptoir de vente de la fromagerie. « On est vraiment en symbiose avec eux. On ne travaille pas chacun de son côté, on travaille ensemble. Ils ont besoin de nous, et nous, on a besoin de leur lait. » La famille Labbé fait vraiment partie du plan d'affaires de cette jeune entreprise. Sans elle, difficile d'imaginer que cette ferme aurait pu voir le jour, les institutions financières n'auraient tout simplement pas donné leur aval. Après quelques années d'exploitation, force est de constater que cela fonctionne, et même très bien. D'ailleurs, plusieurs jeunes veulent monter des projets du genre, et ce sont les institutions financières qui en parlent aux Labbé. Enthousiasmés par cette expérience, les Labbé ont donc poursuivi leur développement selon ce modèle, cette fois-ci en contribuant à la sauvegarde de la vache laitière Canadienne.

LA SAUVEGARDE D'UNE RACE PATRIMONIALE

Alors que les Labbé travaillaient de concert avec Steve et Stéphanie, une productrice de la région de Laval possédant un des rares troupeaux de vaches Canadiennes est venue s'installer dans Charlevoix avec l'idée de créer le même type de partenariat avec les Labbé. Un deuxième producteur laitier du coin, qui pensait laisser tomber la production laitière, s'est ravisé et s'est plutôt converti, lui aussi, à la vache Canadienne. Puis un troisième leur a emboîté le pas, si bien que les Labbé ont saisi l'occasion pour créer un nouveau fromage unique en son genre : Le 1608. Ce fromage marque la fondation de la ville de Québec et l'arrivée des premières vaches laitières au Québec, les ancêtres de la Canadienne. Les Labbé contribuaient ainsi à leur objectif d'entreprise, mais aussi à la diversification agricole de la région et à la sauvegarde d'une race patrimoniale. La vache Canadienne retenait l'attention des Labbé depuis quelques années déjà. C'est une vache robuste qui se distingue par sa capacité à transformer

Les vaches de race Canadienne connaissent un regain de popularité grâce à l'initiative de la famille Labbé et de quelques agriculteurs de la région de Charlevoix. Ces vaches fournissent un lait particulièrement propice à la fabrication du fromage.

efficacement les fourrages en lait riche. C'est aussi la seule race laitière élevée sur le continent américain. Malheureusement, cette vache patrimoniale se fait rare dans le paysage agricole québécois. On l'a reléguée aux oubliettes, car elle ne répond plus aux standards modernes de production. Du cheptel de 500 000 têtes en 1900, il ne reste que quelques centaines de têtes dans tout le Canada. Ce cheptel est génétiquement affaibli par des années de laisser-aller. Les Labbé étaient cependant convaincus que la vache Canadienne est faite sur mesure pour les montagnes charlevoisiennes et qu'elle a sa place dans leurs projets de développement.

« On veut redonner à cette race patrimoniale ses lettres de noblesse. Une partie des profits de la vente du 1608 est versée à l'Association de développement de la race Canadienne dans Charlevoix. C'est un organisme que nous avons créé dans le but de travailler à l'amélioration de la génétique de la vache Canadienne qui est loin d'être à son optimum. Cette vache a beaucoup de potentiel pour la production fromagère et elle fait partie de notre histoire aussi. »

L'histoire n'est pas terminée puisque les Labbé travaillent activement à faire du 1608 le premier fromage québécois jouissant d'une appellation réservée selon la Loi sur les appellations réservées et les termes valorisants. Cette appellation encadrera légalement les paramètres de production laitière et fromagère afin d'assurer que les produits faisant référence à la vache Canadienne soient bel et bien issus du lait de cette race de vaches.

UN MODÈLE D'INNOVATION EN DÉVELOPPEMENT DURABLE

Si le passé est une source d'inspiration pour les Labbé, la Laiterie Charlevoix est tout autant préoccupée par les défis de l'heure, comme la préservation de l'environnement. Les rejets générés par la fabrication du fromage constituent un problème environnemental auquel les Labbé cherchaient une solution à long terme. La fromagerie génère de grandes quantités d'eaux usées et de lactosérum, ou petit-lait, la partie liquide qui se dégage de la coagulation du lait lors de la fabrication du fromage. « Le petit-lait et les eaux usées ne pouvaient être traités par la municipalité, et l'espace manquait pour un champ d'épuration ayant la dimension nécessaire. »

Après études et missions à l'étranger, ils ont opté pour la combinaison de deux technologies innovatrices, l'une française, l'autre américaine. Le lactosérum est transformé en méthane et utilisé pour la pasteurisation et la thermisation du lait.

Cette opération permet d'économiser 65 000 litres de mazout. Les eaux usées sont pompées dans d'immenses bassins et purifiées par des plantes avant d'être renvoyées dans l'environnement. Cette usine, comme toutes les installations de la Laiterie Charlevoix, a été conçue de façon à être accessible aux visiteurs. Les touristes trouvent donc sur un même lieu deux fromageries, un musée du fromage, une boutique et une usine de filtration unique en Amérique du Nord.

Si on fait le bilan, cette entreprise a réussi une percée environnementale et elle contribue au maintien d'une race patrimoniale, et quatre familles sont venues s'installer dans la région ou ont décidé d'y rester grâce à ce partenariat producteur-transformateur. Cette approche a-t-elle des limites? Les Labbé n'en voient pas, ni à moyen ni à long terme. « Si d'autres jeunes veulent venir s'établir dans la région, on créera des fromages. Notre objectif est d'intégrer un producteur annuellement pour les quatre ou cinq prochaines années, de façon à augmenter notre production et le bassin de producteurs ici. »

C'est une façon de faire qui ne s'applique cependant pas à tous les cas de relève. La Laiterie Charlevoix avait des atouts qui jouaient en sa faveur. « Notre capacité de production est supérieure à celle d'une fromagerie artisanale, ce qui donne la possibilité de fabriquer plusieurs fromages différents, mais l'entreprise est suffisamment petite pour permettre cette flexibilité dans la production, c'est-à-dire séparer les laits selon le type de fromages, ce qu'un gros joueur ne pourrait pas faire. » Un entre-deux qui la sert bien. Cette relation entre producteur et transformateur demeure assurément une source d'inspiration pour l'agroalimentaire québécois. Elle oriente l'agriculture vers des produits à valeur ajoutée et le développement de niches, de créneaux de spécialité plus lucratifs que la production de masse. Concevoir des produits en fonction de demandes précises des consommateurs peut sembler évident, mais, au Québec, bien des agriculteurs se sont éloignés des besoins des consommateurs en adhérant à la mise en marché collective et obligatoire de leur produit, démarche qui demeure prédominante.

La famille Labbé a réussi à lier étroitement tous ces éléments pour en faire un tout cohérent et un modèle d'agriculture durable, malgré toutes les contraintes auxquelles elle a dû faire face. « On contribue à maintenir l'industrie laitière dans notre région. C'est ça, notre satisfaction », explique Jean Labbé. Il y a aussi le fait que cette alliance avec de petits producteurs leur permet d'avoir une spécificité. Les fromages de la Laiterie Charlevoix sont présents non seulement dans la région, mais aussi dans plusieurs points de vente au Canada, dont Toronto et Vancouver. « Ces produits, qui ne sont pas copiés et ne sont pas copiables, nous assurent de durer dans le temps. » C'est ce qui s'appelle du développement durable.

CLÉMENT POULIOT :
UN LEADERSHIP MIS À L'ÉPREUVE

Clément Pouliot est reconnu pour se tenir à l'avant-garde des nouvelles façons de faire. Il accorde un souci particulier à l'environnement, à l'image de l'agriculture ainsi qu'au rapprochement des agriculteurs et de la population en général.

Clément Pouliot
Ferme P. E. Pouliot
Sainte-Claire
Production de porcs,
d'œufs de consommation,
cultures de céréales et de canola.

Dans le bureau de la ferme qu'il dirige avec son frère Alain, Clément Pouliot prend le temps de nous présenter la série de photographies qui illustrent les étapes du développement de l'entreprise depuis les années 1970, alors que ses parents exploitaient un petit élevage diversifié. Aujourd'hui, cette ferme produit 5 000 porcs et 450 000 douzaines d'œufs par année. On y cultive 400 hectares d'orge, de soya, de blé et de canola. C'est le genre de ferme entretenue de façon impeccable, que l'on qualifie d'industrielle : le genre de ferme faisant l'objet de critiques parce que l'on craint son impact sur l'environnement. Celle des frères Pouliot, située à Sainte-Claire dans la vallée de la rivière Etchemin, a l'avantage d'être entourée de forêts et de ne pas avoir beaucoup de voisins. Elle a aussi fait partie des premières fermes à prendre le virage environnemental, il y a près de 20 ans. « Le club de fertilisation de la Beauce que nous avons fondé nous a été extrêmement bénéfique : nous y avons acquis de l'expertise agronomique au contact de nos agronomes. » Aujourd'hui, la production porcine de la ferme Pouliot est certifiée HACCP[1], et la production d'œufs a obtenu une certification de contrôle optimal de la qualité du Bureau de normalisation du Québec. Les exigences de ces normes sont vues, à la ferme Pouliot, comme des moyens de mettre de l'ordre dans les pratiques en plus de donner une assurance de salubrité.

DES CONVICTIONS SOLIDES

Depuis longtemps, Clément Pouliot est convaincu que ses productions doivent répondre à quatre exigences de la société : la salubrité, la traçabilité, le bien-être animal et le respect de l'environnement. Il s'est organisé pour y répondre dans son entreprise et il a voulu transmettre ces préoccupations à ses collègues producteurs par ses engagements multiples dans les organismes agricoles. De 1997 à 2003, c'est-à-dire pendant la période où la production porcine a été la plus contestée, il a été président de la Fédération des producteurs de porcs du Québec. C'est sous sa responsabilité que la Fédération instaure le Plan agroenvironnemental et que l'encadrement technique prend de l'ampleur dans les fermes porcines du Québec. C'est aussi pendant cette période qu'un programme d'assurance qualité se met en place. À son instigation, différents moyens de dialogue avec la population se créent. Il est convaincu qu'il faut relever le défi de la cohabitation et de la valorisation de sa profession par la communication. Mais certains de ses collègues croient davantage à la revendication et à l'imposition de leurs droits de producteurs, et il perd son poste de président. C'est un coup dur pour cet homme fier et engagé.

Déçu, il craint que l'attitude des nouveaux dirigeants ne mène qu'à l'affrontement et contribue au déclin du secteur porcin. Malheureusement, le temps lui a donné raison. Les années qui ont suivi ont été caractérisées par des relations tendues entre producteurs et entreprises de transformation alimentaire, entre producteurs et consommateurs, par des dépassements de coûts au chapitre de l'aide que l'État a dû apporter à la production pour appuyer les producteurs en difficulté. À cela se sont ajoutés des éléments extérieurs qui ont mené à la décroissance de ce secteur et aujourd'hui à des situations dramatiques pour de nombreuses familles agricoles qui y perdent tous leurs biens. « Plutôt que de créer des alliances comme il aurait fallu le faire, on a créé un affrontement où tout le monde a perdu. »

Pour beaucoup de citadins, la perte n'est pas grande, car la production porcine est synonyme pour eux de pollution des cours d'eau, d'odeurs désagréables, de mono-

[1] De l'anglais *Hazard Analysis Critical Control Points*, ou analyse HACCP : analyse des risques et maîtrise des points critiques.

culture du maïs, d'exportations subventionnées par leurs taxes. Or, les aspects négatifs que la production porcine a déjà montrés peuvent être contrôlés par de bonnes pratiques et le sont en très grande partie actuellement. Les agriculteurs, malgré leurs efforts, sont encore loin d'avoir réglé tous les problèmes environnementaux, mais la filière porcine contribue à l'économie des régions, donne de bons emplois et de bons produits à des prix abordables. Pour l'ensemble de notre économie, il y a une perte certaine à voir disparaître cette production.

UN ENGAGEMENT DANS LA DURÉE

Clément Pouliot n'avait pas 20 ans lorsqu'il a été élu pour la première fois à une instance syndicale et, dans la jeune vingtaine, il assumait déjà des responsabilités de président ou de vice-président dans différents organismes. Au tournant de la quarantaine, il en mène large. Il est l'un des acteurs principaux du développement de notre agriculture. La perte de son poste de président d'une fédération importante de l'UPA l'exclut d'un domaine dont il maîtrisait les enjeux et qui lui tenait à cœur. Il poursuit ses engagements dans le Mouvement Desjardins et garde un œil sur ce qui se passe dans le mouvement syndical agricole. Cette position de retrait lui donne une perspective intéressante que les médias, les organismes et même les institutions d'enseignement apprécient, et il est appelé à donner son point de vue à différentes tribunes.

Il est resté un défenseur de l'approche collective de la mise en marché des produits agricoles et il craint que les critiques dont les plans conjoints sont la cible « jettent le bébé avec l'eau du bain. » Pour lui, les structures collectives que le milieu agricole s'est données sont à conserver, mais elles doivent évoluer. Ce qui le préoccupe le plus ? La qualité de la gouvernance des organismes responsables de la mise en marché des produits agricoles. « La gouvernance de nos offices de mise en marché n'est pas appropriée. Elle n'a pas suivi les changements qui se sont produits depuis 15 ans dans la société. On présume, parce que quelqu'un a été élu, qu'il est capable d'administrer des organismes aux responsabilités très grandes. Ce n'est pas le cas. Actuellement, les administrateurs des plans conjoints n'ont pas la formation adéquate pour assumer leurs responsabilités. Il y a une formation structurée de gestionnaires de plans conjoints à mettre en place. »

Les offices dont la gestion préoccupe Clément Pouliot relèvent de la Loi de la mise en marché des produits agricoles. Cette loi donne aux producteurs le droit d'établir un plan conjoint et oblige tous les producteurs d'une même production à en faire partie afin de négocier collectivement des prix auprès des acheteurs et transformateurs de produits agricoles. Ces offices sont actuellement tous administrés par des fédérations de l'UPA. On reproche à certains offices des règlements rigides qui obligent parfois des producteurs à leur payer des services dont ils n'ont pas besoin. Ils créent beaucoup de mécontentement dans certaines régions ou certaines productions, entraînant des abandons et même des faillites.

« Il y a toutes sortes de possibilités à explorer, explique Clément Pouliot. Si tous doivent participer à la mise en œuvre d'un plan conjoint, tous n'ont pas à y contribuer de la même façon. Il y a des moyens de moduler les participations financières en fonction des services dont chacun a besoin. En fait, ce qui manque pour que nos outils s'adaptent aux situations actuelles, ce sont des indicateurs de performance pour évaluer la qualité de la gestion des différents plans conjoints. La Régie des marchés agricoles et alimentaires ne joue pas suffisamment son rôle à ce sujet. C'est elle qui doit voir à ce que les outils qui ont été octroyés aux agriculteurs soient utilisés de façon optimale et que les intérêts de la société soient préservés. Elle a le pouvoir de retirer la gestion d'un plan conjoint à un organisme s'il n'assume pas ses responsabilités. Elle n'aurait parfois qu'à évoquer ce pouvoir pour que certains problèmes se résolvent rapidement. »

S'il est satisfait des pas réalisés dans le domaine de l'environnement, de la salubrité et de la traçabilité, il considère que, dans le domaine du bien-être animal, il reste du travail à faire. « Dans ce domaine, il y a eu des rapports, des études, mais pas de vision globale. On ne sait pas exactement ce que veut la société. Au Québec, on a pris une orientation différente de l'Europe; on a opté pour des équipements qui offrent plus de confort aux animaux. Ils sont plus isolés, mais plus protégés. Dans les grands espaces où les poules sont libres, il y a plus de mortalité due aux agressions des poules entre elles. Les changements dans ce domaine doivent être réfléchis, car ils coûtent cher. »

L'autre dossier qui préoccupe toujours Clément Pouliot est celui des relations entre tous les maillons de la chaîne de production agroalimentaire. Il est favorable à l'instauration d'indicateurs de performance de la ferme à la table, afin que tous les intervenants s'améliorent, qu'il s'agisse des producteurs, des transformateurs ou des distributeurs de produits alimentaires. Il a accepté récemment de présider la Filière porcine coopérative mise en place par la Coop fédérée afin de créer une synergie entre tous les responsables de la recherche, de la production et de la transformation. Ses talents de rassembleur seront mis à profit. Ce qu'il regrette, c'est que l'on n'ait pas développé d'expertise pour parler avec les consommateurs et la société en général.

« Nous avons à répondre aux attentes de la société, et les gens vont comprendre que nous avons besoin de temps pour le faire. Mais il faut mettre en place des moyens de se parler. »

La vision que Clément Pouliot avait il y a des années pour le développement de son secteur évolue dans la continuité. Dans certains domaines, il a tenté de « changer la terre » sans se rendre au bout de sa vision. Il est plus difficile d'intégrer des préoccupations environnementales dans les grands élevages porcins que dans de petites productions légumières. Il est plus difficile de changer des mentalités que de revendiquer par des coups de gueule. Il est plus difficile d'inculquer de la fierté que de susciter du mécontentement. L'ambition de créer un domaine d'activité prospère, respectueux des attentes de la société où le partage de la richesse permette les initiatives personnelles demeure un objectif. Mais l'homme est un vrai leader et un excellent communicateur. Il n'a pas dit son dernier mot.

JEAN-PIERRE LÉGER : SE BATTRE POUR SES CROYANCES

Sa quête constante d'innovation fait de Jean-Pierre Léger une personne influente dans le domaine de la restauration ainsi que dans les secteurs agricoles et agroalimentaires.

Jean-Pierre Léger
Groupe St-Hubert
Laval
Chaîne de 113 restaurants et entreprise de transformation alimentaire. Les produits St-Hubert sont distribués dans les grandes chaînes d'alimentation et autres épiceries.

Les changements dans les méthodes de culture et d'élevage prennent parfois leur origine dans la cuisine des restaurants. Combien d'artisans doivent leur succès à des chefs de renom qui ont mis en valeur, à leur table, des produits innovateurs comme les fromages artisanaux, l'agneau, les mescluns, les pousses de légumes? C'est un moteur de changement qui s'avère d'autant plus puissant lorsqu'il s'agit de la plus grande chaîne de restaurants du Québec servant du poulet rôti sur broche. Quand Les Rôtisseries St-Hubert passent une commande à leurs fournisseurs dans le but d'obtenir un poulet à valeur ajoutée, ce sont des centaines de producteurs québécois qui sont mobilisés. D'une certaine façon, Jean-Pierre Léger, président des Rôtisseries St-Hubert, a fait avec des producteurs industriels ce que des chefs, comme Normand Laprise du Toqué !, ont fait avec de petits artisans : hausser les standards pour se démarquer.

St-Hubert sert 31 millions de repas par année, ce qui en fait l'acheteur numéro un de poulets au pays. Un levier que Jean-Pierre Léger a utilisé à bon escient pour arriver à ses fins. « La concurrence est vive dans le milieu de la restauration. Si on veut être le premier, il faut innover continuellement. Il faut se placer en amont des attentes de ses clients. Pourquoi est-ce que je pousse pour avoir plus de qualité ? Parce que c'est ça que les clients veulent, mais c'est aussi une question de croyance. La recherche de la qualité, c'est ce à quoi mes parents croyaient. » Pour Hélène et René Léger, les fondateurs des Rôtisseries St-Hubert, la qualité était presque une obsession. Le service, la courtoisie, la méthode de cuisson, la présentation des plats : tout devait être parfait. Jean-Pierre Léger a été imprégné de cette philosophie pratiquement toute sa vie. Une quête incessante qu'il poursuit à sa façon.

Foncièrement curieux, les voyages, les grands restaurants, la télé, la radio sont autant de sources d'inspiration où il capte la nouveauté, les tendances qui parlent aux consommateurs. Vient ensuite l'immense défi de les adapter à la réalité de la restauration de masse. Parmi les premières avancées qui ont permis à la filière de la volaille de se dépasser : le poulet refroidi à l'air plutôt qu'à l'eau.

LE POULET REFROIDI À L'AIR

Le poulet étant un animal à sang chaud, il faut refroidir rapidement la carcasse pour que la viande conserve sa qualité. Pendant des années, l'industrie procédait par immersion des poulets fraîchement abattus dans d'immenses bassins d'eau glacée. Une façon de faire dont l'efficacité était contestable. « La chair du poulet absorbait l'eau, ce qui altérait la qualité de la viande. Ce qui me déplaisait particulièrement, c'était l'idée que ces bassins puissent aussi devenir des réservoirs à bactéries. » Jean-Pierre Léger a donc demandé que l'on modifie cette étape de transformation du poulet. Depuis 1991, le poulet qu'il exige et qu'il sert aux clients de St-Hubert est refroidi à l'air. C'est une pratique qui a influencé l'ensemble de la filière de la volaille. « La viande est de meilleure qualité, car elle n'a pas trempé dans l'eau glacée, et la salubrité est améliorée. Il devrait en être ainsi pour tout le poulet vendu sur le marché, et je me désole que ça ne soit pas le cas. Il faut que les consommateurs l'exigent, eux aussi. » Le poulet refroidi à l'air est sans contredit un avancement dans l'industrie de la volaille et, pour Jean-Pierre Léger, c'est une victoire, car obtenir des changements auprès de l'industrie de la volaille relève parfois du combat. Peu de joueurs de la restauration ont le poids nécessaire pour avoir une telle influence. D'ailleurs, son expérience avec le poulet végétarien lui a démontré que même les plus puissants doivent parfois se replier.

LE POULET VÉGÉTARIEN

En soi, le poulet n'est pas un animal végétarien. La volaille est omnivore, c'est-à-dire qu'elle se nourrit d'aliments d'origine végétale, mais aussi de protéines d'origine animale. Ce qui a motivé Jean-Pierre Léger à se lancer dans une croisade pour obtenir du poulet élevé avec des aliments strictement végétaux relève du principe de précaution. « C'est pour mettre la compagnie et la clientèle à l'abri des drames liés à la maladie de Creutzfeldt-Jakob, la maladie de la vache folle chez les bovins, que j'ai insisté pour obtenir des poulets dont l'alimentation était exempte de produits d'origine animale. La farine animale que l'on ajoutait à la moulée constituait une source de propagation du prion de la maladie. » Jean-Pierre Léger est parvenu à ses fins non sans effort, car son approche d'affaires n'est pas toujours en phase avec celle des producteurs de volaille du Québec.

Si les Rôtisseries St-Hubert évoluent dans un marché libre où la concurrence est féroce, il en est autrement des producteurs de poulets. La production de volaille au Québec et au Canada est contingentée, soumise à des quotas de production et très organisée, de façon à défendre les intérêts des producteurs. Le restaurateur et ses fournisseurs évoluent dans deux écoles de pensée qui ont parfois maille à partir l'une avec l'autre. Jean-Pierre Léger reconnaît certains avantages liés à l'organisation de l'offre dans le secteur du poulet, mais cela ne l'empêche pas de qualifier ce système de cartel. Juridiquement parlant, il s'agit effectivement d'un cartel, mais légalisé par la Loi sur la mise en marché des produits agricoles. Il doit donc composer avec cette réalité même si elle freine parfois ses initiatives.

« Le fait que la production de volaille soit un marché fermé, limité au Canada, je n'ai rien contre. C'est même une bonne chose du point de vue sanitaire. Les risques de propagation de maladies de la volaille sont limités. » Cela dit, il considère que le système est très limitatif pour qui veut concevoir un nouveau produit. « Les producteurs de volaille ont leur façon de faire, et ce n'est pas évident de faire changer les choses. Autant les producteurs que les transformateurs n'étaient pas chauds à l'idée d'éliminer les farines animales de l'alimentation des poulets, et ce, même si St-Hubert paie ses poulets plus cher. » Il faut savoir que les élevages industriels, minutieusement orchestrés pour ce qui est de la régie d'élevage, sont un exemple parfait de l'effet papillon. La moindre modification génère des ajustements et risque d'affecter la rentabilité des élevages. Pour chacun des 750 producteurs de volaille qui élèvent des dizaines de milliers de poulets, les enjeux sont élevés, et il en va de même pour les abattoirs qui livrent le produit chez St-Hubert.

« Au départ, on a senti que l'intérêt pour ce poulet végétarien n'y était pas. Ça prenait du temps, les choses n'avançaient pas, mais, pour nous, c'était de la première importance. » Jean-Pierre Léger a donc décidé de faire ce que peu de joueurs ont les moyens de faire au Québec : « Nous sommes allés voir du côté de l'Ontario où les transformateurs étaient plus ouverts à élaborer ce produit. » Pour l'industrie québécoise de la volaille, perdre un client comme Jean-Pierre Léger peut faire très mal et, après quelques mois, il a eu gain de cause. Des poulets sans farine animale ont finalement été produits au Québec. C'est ainsi que les partenaires d'affaires croisent le fer de temps à autre. Certains trouvent que l'approche Léger est dure, mais personne ne nie le fait qu'elle a contribué à la filière de la volaille au Québec. À partir de 2002, on a donc commencé à consommer du poulet végétarien dans les Rôtisseries St-Hubert. Cependant, Jean-Pierre Léger ne gagne pas toujours. Aujourd'hui, on n'y consomme plus ce type de poulets.

En 2011, c'est à contrecœur qu'il a été forcé de mettre une croix sur le poulet végétarien et de revenir à l'ancienne méthode. St-Hubert exige des poulets de 1,6 kilo, ce qui est supérieur à ce qu'on retrouve ailleurs, et c'est un défi de répondre à cette exigence avec une moulée strictement végétale, surtout quand le prix des grains est élevé. Sur 450 000 poulets produits, seulement 125 000 rencontraient les standards que la chaîne imposait. Les autres poulets, qui avaient coûté aussi cher à produire, étaient dirigés vers des marchés moins lucratifs. Les transformateurs du Québec se sont découragés. Jean-Pierre Léger ne pouvait plus se retourner vers son fournisseur de l'Ontario, Maple Leaf, celui-ci s'étant retiré des affaires. Jean-Pierre Léger a dû battre en retraite et accepter bien malgré lui de mettre une croix sur un de ses fleurons. « Ça m'a fait mal, mais je n'ai pas dit mon dernier mot et je considère cette situation comme temporaire. Le poulet végétarien, j'y crois. » Le verbe « croire » revient souvent dans le discours de Jean-Pierre Léger. Le dénominateur commun de ses croyances est la qualité qui se traduit par le poulet refroidi à l'air, par la moulée d'origine végétale et bientôt, espère-t-il, par le poulet sans antibiotique, son plus récent cheval de bataille.

LE POULET SANS ANTIBIOTIQUE

Jean-Pierre Léger rêve depuis longtemps d'offrir à ses clients un poulet élevé sans antibiotique. Comme dans le cas du poulet végétarien, ce n'est pas tant la science qui guide ce choix que ses principes. Il croit que la demande des consommateurs est ou sera bientôt rendue là, et il veut être le premier à leur offrir ce poulet. Dans le cas de l'usage d'antibiotiques dans les élevages de volaille, les tenants du *statu quo* ne sont pas à court d'arguments. Retirer les antibiotiques signifie un risque accru de maladies, un taux plus élevé de mortalité, de pertes et donc des coûts de production à la hausse. C'est toujours le même dilemme pour l'entreprise de transformation alimentaire, en l'occurrence l'abattoir, qui offre une prime aux éleveurs de volaille afin qu'ils répondent aux attentes élevées de St-Hubert. Encore une fois, on anticipe qu'une partie des poulets livrés ne sera pas à la hauteur des attentes et sera redirigée vers des marchés moins payants. Cela dit, les vieux routiers de la filière du poulet connaissent Jean-Pierre Léger et savent qu'il ne baissera pas les bras et qu'il les talonnera jusqu'à ce que satisfaction soit obtenue. « J'ai mes croyances, et l'industrie a les siennes aussi. Pour elle, les antibiotiques font partie du paradigme de la production, elle a de la difficulté à imaginer les choses autrement, mais si on n'y arrive pas, d'autres le feront à notre place, j'en suis convaincu. »

LE POULET DE RÊVE

Tôt ou tard, le poulet sans antibiotique sera réalité, et Jean-Pierre Léger mettra le cap sur d'autres innovations. Le bien-être animal ? Le poulet bio ? Les possibilités sont grandes, surtout que la relève de l'entreprise est assurée. Ce faiseur de tendances de la restauration de masse a des idées plein la tête. Le terroir, les artisans, la spécialité l'inspirent. « Quand je vois ce qui se fait comme nouveaux produits artisanaux, je n'en reviens pas. Si seulement on pouvait en faire autant avec le poulet. » Pour lui, le fait que la mise en marché soit obligatoire pour tous les éleveurs de volaille du Québec constitue un boulet. « Ce système de quotas sclérose la production. Les quotas de production coûtent tellement cher que de jeunes producteurs dynamiques, aux idées neuves, n'ont pas accès à la production. C'est triste. Regardez en France tous ces poulets de types différents que l'on produit. Ça pourrait être la même chose ici ! » Si le système des quotas constitue un facteur limitatif pour Jean-Pierre Léger, il devra composer avec lui pendant encore quelques années à tout le moins. Ceux qui possèdent ce permis de produire tiennent mordicus à ce système qui leur promet des prix intéressants de même que l'assurance que les transformateurs de poulet n'iront pas s'approvisionner ailleurs.

Malgré les contraintes, Jean-Pierre Léger a laissé sa marque non seulement dans le milieu de la restauration, mais aussi en agriculture. Il n'est certainement pas un client facile à satisfaire, mais il est respecté. Entre les producteurs de volaille qui tiennent à leur façon de faire et les consommateurs courtisés de tous bords, tous côtés, Jean-Pierre Léger n'a jamais cédé à ses idéaux : qualité, originalité, créativité.

LA MISE EN MARCHÉ PLUS COMPLEXE qu'on le croit

La commercialisation des produits agricoles évoque, dans l'esprit de plusieurs personnes, le fermier allant au marché. Cette image est vraie pour une partie minime des produits agricoles. La très grande partie de ceux-ci passe par une ou plusieurs étapes de transformation avant d'atteindre les tablettes de l'épicerie, et leur commercialisation est hautement complexe. Peu de gens en connaissent les subtilités. Certains propos de cet ouvrage peuvent susciter des questionnements. Tentons d'y répondre brièvement.

Les acheteurs de denrées agricoles, que ce soient les abattoirs, les meuneries, les fabricants de divers produits ou les chaînes alimentaires, sont des entreprises puissantes, parfois même des multinationales. Devant ces acheteurs, un agriculteur ne possède pas un rapport de force adéquat pour négocier des prix pour ses produits. Il était vital pour les agriculteurs de se regrouper pour négocier une offre commune. C'est pour cette raison qu'il y a maintenant près de 90 ans les agriculteurs ont commencé à se regrouper en coopératives. Celles-ci jouaient aussi le rôle d'acheteur des produits dont ils avaient besoin.

L'adhésion à une coopérative étant volontaire, certains agriculteurs profitaient de leur action sans en faire partie. D'autres les utilisaient uniquement quand cela les favorisait. Certains allaient jusqu'à réduire leurs prix, concurrençant ainsi la coopérative locale. Les revenus de la classe agricole n'étaient pas très élevés, et les groupes d'agriculteurs négociaient en rangs plus ou moins dispersés. Il apparaissait de première importance, pour le bien de la classe agricole, de consolider cet équilibre de forces. L'UCC, l'Union catholique des cultivateurs, l'ancêtre de l'UPA, a donc demandé une loi qui obligerait tous les agriculteurs d'une même production à faire partie d'une démarche collective et à la financer selon un modèle importé d'Angleterre : les plans conjoints.

Cette loi leur a été accordée en 1956 et n'a pas beaucoup changé depuis son instauration. Elle permet aux producteurs d'une même production de créer un organisme qui les obligera tous à participer à une structure collective de mise en marché de leurs produits et à payer des prélèvements en échange de services rendus par cette structure. Théoriquement, différents groupes, dont les coopératives, auraient pu être les gestionnaires de ces nouvelles structures qui se sont appelées des « offices de mise en marché ». Dans les faits, ce sont les fédérations spécialisées de l'UPA qui sont devenues les gestionnaires de ces offices. Par ses fédérations, l'UPA a donc ajouté à sa fonction de défense des intérêts généraux des agriculteurs une fonction très importante, liée à la mise en marché.

Ce système convient à une majorité de personnes du milieu agricole. D'autres, cependant, voudraient y voir des changements. Dans un contexte économique qui exige une adaptation rapide à des besoins très diversifiés des consommateurs, une mise en marché jugée trop contraignante constitue, pour certaines des personnes que nous avons interviewées, un frein à la création de nouveaux produits et elle rend plus difficile la mise en place d'alliances entre producteurs agricoles, transformateurs et consommateurs.

Les demandes d'assouplissement de la mise en marché collective viennent surtout de certains groupes d'agriculteurs qui s'occupent de leur mise en marché et qui doivent payer les mêmes prélèvements que les autres. Elles viennent aussi de ceux qui vendent les produits sur les marchés mondiaux et qui sont suffisamment organisés et informés pour effectuer leur propre mise en marché. Elles viennent enfin de transformateurs et de restaurateurs qui auraient besoin de plus de souplesse dans un environnement plus concurrentiel et diversifié qu'il y a plus de 55 ans.

Dans le cas des producteurs de lait, d'œufs et de volaille, la mise en marché collective prend une autre forme : la gestion de l'offre. Elle est appliquée dans tout le Canada et consiste à ajuster constamment l'offre à la demande intérieure. Dans ces productions, le Canada se présente donc comme un marché fermé à l'importation et à l'exportation, protégé par des barrières tarifaires très élevées. L'ensemble des producteurs concernés y trouvent leur compte puisque les prix qu'ils reçoivent pour leurs produits sont garantis et supérieurs à leurs coûts de production, mais la gestion de l'offre est fréquemment critiquée, notamment parce qu'elle freine le développement de nos marchés d'exportation. Il y a aussi le fait que la valeur des quotas, soit des permis de produire, constitue une contrainte majeure à l'établissement de la relève.

La mise en marché collective des produits agricoles a joué et joue encore aujourd'hui un rôle très important dans le développement de l'agriculture. Si certains déplorent la rigidité de la réglementation actuelle qui a pour conséquence de traiter un ensemble de producteurs de la même façon, cette rigidité, dans la mesure où elle existe, n'est pas due au régime lui-même. Rien n'empêche, car la loi le permet, de faire une réglementation plus souple, de créer des catégories de production, des types d'interventions. On l'observe d'ailleurs dans certaines productions. Le pouvoir réglementaire accordé aux offices ou aux fédérations permet la souplesse que certains réclament. C'est une décision des organisations de donner ou non plus de possibilités sur le plan de la mise en marché.

La protection de l'environnement fait maintenant partie de ce que les citoyens attendent de l'agriculture. Pour les agriculteurs, la qualité de l'eau, la conservation et le développement des sols représentent une préoccupation de premier plan, car il s'agit de leurs actifs les plus précieux. Pour mettre en œuvre des pratiques agronomiques qui protègent les ressources tout en assurant la viabilité des entreprises, il faut des connaissances, de nombreuses expérimentations et de nouveaux modèles de collaboration. C'est ce que les quatre histoires suivantes présentent.

JOCELYN MICHON : LA DIFFÉRENCE ENTRE EXPLOITER ET CULTIVER LA TERRE

Agriculteur depuis 1975, Jocelyn Michon a relevé le défi de la culture intensive dans le respect de l'environnement. Son entreprise est un lieu d'expérimentation où se créent des approches culturales inspirantes pour l'ensemble de la communauté agricole.

Ferme Jocelyn Michon
La Présentation
Production céréalière sur 230 hectares : maïs pour alimentation du bétail ; blé et soya destinés à la production de semences.

L'agriculture est un monde soumis à l'incertitude. Elle est tributaire du climat, de la fluctuation des prix du marché, de la production étrangère. Pour ceux qui en vivent, les préoccupations ne manquent pas, c'est vrai, mais certains s'y adaptent mieux que d'autres. C'est le cas de Jocelyn Michon. On sent chez lui cette confiance qu'ont ceux qui sont en contrôle de la situation. Ses champs traversent mieux que bien d'autres les aléas climatiques ; les rendements qu'il obtient en maïs, céréales et soya battent régulièrement des records ; ses coûts de production sont inférieurs à la moyenne. Ce que l'on observe dans sa ferme est le fruit d'un cheminement échelonné sur deux décennies. Jocelyn Michon est un pionnier du semis direct et du « non-travail » du sol : un exemple qui devrait faire école au Québec. Il parle pourtant de ses accomplissements avec réserve : « Je n'ai fait que ma besogne d'agriculteur. » Ce travail d'agriculteur va au-delà de l'application de techniques. Il observe, expérimente, sort des sentiers battus en mettant de l'avant des méthodes qui, avec l'appui de spécialistes, font avancer l'agriculture, et plus particulièrement l'agriculture intensive. Une œuvre de patience qui contribue, avec l'aide de spécialistes, à changer la terre... au sens littéral du terme.

Jocelyn Michon aurait pu réussir dans bien des domaines avec une relative facilité : bon à l'école, bon dans les sports, bon en gestion, mais c'est en agriculture, plus précisément dans les grandes cultures, c'est-à-dire la culture de grandes superficies de plantes céréalières et oléagineuses, qu'il a choisi de mettre à profit ses talents. « J'ai toujours été bien dans les champs. » Il habite La Présentation en Montérégie, au cœur d'une région où la spécialisation a supplanté dans le paysage rural bien des fermes diversifiées dans leurs activités. À la place, des monocultures intensives de maïs et de soya. Rotations courtes, c'est-à-dire alternance de maïs et soya année après année, utilisation d'engrais de synthèse et de pesticides, passage répété des tracteurs munis d'équipements lourds compactant le sol. Le labour et le hersage qui ameublissent le sol le laissent aussi à nu de l'automne au printemps, à la merci de la pluie, des vents et du ruissellement au printemps. C'est ainsi que des tonnes de sols fertiles se retrouvent dans les cours d'eau, emportant avec eux engrais et pesticides. Est-ce le prix à payer pour répondre au défi de nourrir plus de gens et de produire de l'énergie avec les mêmes superficies ? L'histoire de Jocelyn Michon démontre qu'il peut en être autrement. Pourtant, lui aussi pratique une agriculture intensive et vise

«La production intensive peut se faire dans le respect de l'environnement.
Mes terres sont en meilleur état et plus fertiles qu'il y a 20 ans.»

les meilleurs rendements possibles. Les performances qu'il obtient en tonnes à l'hectare ont souvent été récompensées, d'ailleurs, bien qu'il n'ait jamais cherché les honneurs. «Je ne veux vraiment pas faire la leçon à qui que ce soit.» Si on le lui demande, il parlera de ses rendements avec aplomb, fierté et avec un esprit de compétition qui relève probablement de son goût pour le sport, mais certainement pas de la vantardise.

L'AGRICULTURE INTENSIVE REVUE ET CORRIGÉE

Après plus de deux décennies, Jocelyn Michon récolte ce qu'il a semé: des sols encore plus vivants que lorsqu'il a débuté il y a 20 ans et qui continuent de s'améliorer. Alors que la plupart des producteurs de céréales, maïs et soya travaillent le sol de plus en plus profondément, parfois jusqu'à 50 centimètres de profondeur, pour contrer les effets de la compaction qui défait la structure du sol, Jocelyn Michon a pris le chemin inverse. En 1985, le labour, qui retourne la terre jusqu'à 22 centimètres de profondeur, a été remplacé par la herse à disques déportés qui retourne la terre de 10 à 12 centimètres de profondeur. Quelques années plus tard, la herse a été délaissée pour le vibroculteur, travaillant de façon encore plus superficielle, et, depuis 1994, plus rien. C'est-à-dire que Jocelyn Michon pratique le non-travail du sol et le semis direct: il sème directement dans les résidus de culture de l'année précédente. À la place de tous ces équipements aratoires, ce sont les vers de terre et toutes les autres formes de vie souterraines qui se chargent du travail du sol et qui retournent complètement la terre environ tous les six ans. En laissant les résidus de culture en place, Jocelyn Michon fournit de la nourriture à toute cette faune qui, en échange, creuse des galeries où circulent l'air et l'eau, transforme la matière organique en éléments fertilisants. Plus il y a de nourriture pour les vers, plus ils prospèrent et apportent des bienfaits à la terre.

À la surface du sol, on ne compte plus les cabanes de vers de terre, de petites forteresses où les vers se faufilent pour aller chercher leur nourriture et la ramener en profondeur. Combien de fois Jocelyn Michon a-t-il sorti sa pelle ronde et retourné la terre pour démontrer aux plus sceptiques l'efficacité de cette approche? Il ne les compte plus. Chaque fois, c'est une révélation: son sol contient une armée de vers au travail. «On peut compter de 400 à 600 vers de terre au mètre carré ici. Dans les champs cultivés de façon conventionnelle, on risque plutôt de ne pas en voir du tout.» Les vers de terre constituent la preuve d'une grande biodiversité souterraine. Résultat: le sol chez Jocelyn Michon, un loam argileux, est meuble, friable et répond avec résilience aux passages du tracteur et des coups d'eau. Il n'y a pas d'érosion, bien que ses 230 hectares de terre se trouvent dans ce qu'il y a de plus plat et de plus exposé aux vents. La couverture végétale permanente les protège des effets néfastes du vent et du ruissellement de l'eau. Jusqu'à un certain point, cette façon de cultiver se rapproche de ce que l'on voit dans la nature : une présence permanente de végétaux en interaction avec la vie du sol.

DES PRATIQUES PAYANTES POUR L'AGRICULTEUR ET BÉNÉFIQUES POUR L'ENVIRONNEMENT

L'esprit d'analyse de Jocelyn Michon l'a amené à suivre de près non seulement ses rendements et la croissance démographique des vers de terre, mais aussi les retombées économiques et environnementales du non-travail du sol et du semis direct. Premier constat, des sols en meilleur état, plus fertiles, c'est payant. Sa facture d'engrais représente la moitié de celle de ses homologues de la grande culture de type conventionnel. « J'épargne 200 $ d'engrais à l'hectare. Calculés sur 230 hectares, ça fait 46 000 $ par année. »

La quantité de carburant est aussi réduite. « Bien des opérations de travail du sol sont éliminées – labour, hersage –, ce qui fait que j'utilise trois ou quatre fois moins de carburant par rapport à la culture conventionnelle. J'ai besoin de 30 litres de carburant à l'hectare pour faire mes travaux, par rapport aux 90 à 120 litres à l'hectare en conventionnel. C'est énorme. » Dans la ferme de Jocelyn Michon, le hangar abrite peu de machinerie : une moissonneuse-batteuse pour la récolte, un tracteur de force moyenne pour l'ensemble des travaux, deux semoirs et un pulvérisateur.

Le sol n'est jamais laissé à nu. En plus des résidus de culture de l'année précédente, Jocelyn Michon sème des cultures de couverture : du seigle, du blé, du triticale, de l'avoine, du radis et de la féverole. Ces plantes aèrent le sol par le travail de leurs racines, nourrissent les microorganismes, réduisent la compaction, pompent les minéraux qui ont été lessivés par les pluies. En plus, elles constituent une barrière physique contre les mauvaises herbes. Certaines de ces cultures accompagnatrices servent aussi de défenses biochimiques contre certaines mauvaises herbes. « On a prétendu à tort que le semis direct et le non-travail du sol nécessitent plus d'herbicides. J'en utilise, mais moins qu'avant et moins que ceux qui sont en culture intensive conventionnelle. Mes factures d'herbicides sont légèrement inférieures à celles de la moyenne des agriculteurs », explique Jocelyn Michon.

D'un point de vue environnemental, les avantages de cette approche sont évidents, mais il y a plus. « Puisque je ne retourne pas mécaniquement le sol et que je laisse les microorganismes faire le travail, mes terres séquestrent des quantités de carbone qui autrement seraient libérées dans l'air. » Le semis direct et le non-travail du sol sont à ce point avantageux pour l'agriculteur, l'agriculture et l'environnement que c'est à se demander pourquoi on ne l'applique pas dans tout le Québec, chose qui, selon Jocelyn Michon, est loin d'être utopique. « Il serait possible de pratiquer le semis direct dans bien d'autres cultures, tomates et courges par exemple, et dans bien des situations. C'est possible. » Plusieurs agriculteurs demeurent sceptiques, et un certain nombre d'entre eux ont échoué en essayant d'en faire autant. Le succès de Jocelyn Michon repose sur quelques éléments : son attitude par rapport à sa démarche et le soutien professionnel qu'il est allé chercher.

L'IMPORTANCE DE LA VIE DU SOL

Jocelyn Michon a parfois l'impression que son cheminement vers le semis direct et le non-travail du sol s'est fait sans problème. « Je ne me suis pas fixé comme objectif de réussir du premier coup. Il faut donner le temps à la nature de faire son travail. Ultimement, redonner au sol son rôle premier, celui de nourrir les plantes, plutôt que d'avoir recours à des apports massifs d'engrais. Ça prend du temps pour y parvenir. » Tout est dans l'attitude. On ne peut passer de la culture conventionnelle au non-travail du sol en sautant des étapes. C'est en voulant aller trop vite que plusieurs échouent et reviennent à l'ancienne méthode. Il faut du temps. Il faut penser pérennité, durabilité. Les terres que Jocelyn Michon remettra à la prochaine génération sont en meilleur état que lorsqu'il s'est lancé en agriculture. La structure du sol, la vie souterraine, le drainage, la fertilité : tout s'est amélioré, même après des années de culture intensive de maïs, de soya et de blé. Cela aura demandé un suivi, des ajustements, la patience d'expérimenter sur de petites superficies pour ensuite appliquer le tout à de plus grandes. C'est tout ce qui fait la différence entre produire et cultiver la terre, finalement.

La différence réside probablement aussi dans le fait que Jocelyn Michon s'est documenté, il est allé observer ailleurs ce qui se faisait et il s'est bien entouré. Son agronome, Odette Ménard, le regarde aller et lui apporte son appui depuis le début. « Il a les mêmes sols et cultive les mêmes plantes que ses voisins. C'est sa manière d'être qui fait la différence. Jocelyn Michon cherche toujours à aller plus loin. Il faut encourager ces agriculteurs qui ont le goût de la recherche, alimenter le feu plutôt que de l'éteindre. Si l'agronome se cantonne à un rôle technique, il risque de perdre de vue le plus important : amener l'agriculteur à être bien avec ce qu'il fait. » Chaque étape a été mesurée, observée, commentée. Jocelyn Michon a certes couru des risques, mais, selon ses dires, des risques calculés.

«Dans cette quête de la rentabilité qui caractérise l'agriculture des dernières années, les agronomes ont perdu de vue leur véritable rôle: celui d'apporter une vision globale aux agriculteurs avec qui ils travaillent. Nous nous sommes cloisonnés dans nos spécialités et nous nous sommes éloignés du plus important: avoir une vue d'ensemble pour guider les agriculteurs. À force de tout comptabiliser, on a perdu notre liberté de penser autrement qu'en fonction de profits immédiats», déplore Odette Ménard.

TERRE VIVANTE : UNE CERTIFICATION ENVIRONNEMENTALE

Alors que le semis direct est reconnu internationalement comme étant une voie d'avenir pour une agriculture plus respectueuse de l'environnement, relativement peu d'agriculteurs pratiquent le semis direct et le non-travail du sol au Québec. «Environ 30 % disent faire du semis direct, mais de ceux-ci, seulement 4 % le font de façon permanente, ce qui est à mon sens la véritable façon de traiter son sol. Ce n'est pas toujours évident, surtout si le sol était très compacté. Si on laboure après quelques années de non-travail du sol, on n'arrive pas à l'optimum recherché en matière de qualité de sol. Il faut persévérer», explique Jocelyn Michon. Il faut dire que les démarches orientées vers la conservation des sols, la protection de l'eau, la séquestration du carbone ne reçoivent pas plus de soutien ou d'encouragement que les autres approches. Au fil des ans, Jocelyn Michon n'a jamais reçu un sou de plus en subvention pour tout ce qu'il a accompli. Rien pour encourager un virage en ce sens. Il y a toutefois suffisamment d'adeptes du semis direct et du non-travail du sol pour créer un regroupement et proposer une appellation reconnaissant la valeur agroenvironnementale et les bénéfices qu'elle offre à l'ensemble de la société. C'est ainsi que Terre vivante est née. Une certification que l'on pourrait retrouver, par exemple, sur des produits de boulangerie, des œufs et de la viande provenant d'animaux nourris de grains certifiés Terre vivante. Une appellation dont la portée environnementale, selon Jocelyn Michon et ses collègues, est en phase avec les attentes de la société, mais peine pour faire sa place. Le bio a la cote auprès des consommateurs et laisse peu d'espace pour d'autres appellations. Terre vivante fait son chemin lentement mais sûrement, à l'image de l'agriculture dont elle émane.

Jocelyn Michon prend cet état de fait avec philosophie et croit sincèrement que tout viendra avec le temps. En attendant, il continue son chemin et partage ses découvertes et ses résultats aussi loin qu'en Europe, sans jamais dire aux autres que c'est la façon de faire. « Chacun doit y aller à son rythme. D'ici 25 ans, peut-être que le quart des cultures au Québec seront faites en semis direct. » Ça pourrait être plus si des incitatifs étaient mis en place pour encourager la transition, comme c'est le cas aux États-Unis. Les préoccupations environnementales croissantes, l'urgence de préserver la qualité de nos sols, l'intégrité de nos cours d'eau, le coût du carburant, autant de raisons pour accorder une attention particulière à ces pratiques culturales. Il ne fait nul doute que ces pratiques agronomiques évoluées auraient mérité qu'on leur accorde tout le soutien possible, car si tous ceux qui peuvent les mettre en application dans leur ferme avaient fait comme Jocelyn Michon, l'agriculture intensive aurait une tout autre résonance : produire plus sur les mêmes surfaces, et le faire dans le respect de l'environnement. Nul doute que le semis direct et le non-travail du sol font partie de la solution.

LOÏC DEWAVRIN ET SES FRÈRES : DES ANTICONFORMISTES RÉFLÉCHIS ET RESPECTUEUX

Dans le domaine de la production biologique, les réalisations des frères Dewavrin sont citées en exemple ici et à l'étranger. C'est la voie de l'agriculture biologique qui leur permet le mieux d'exprimer leur désir d'autonomie et d'innovation.

Loïc Dewavrin
Fermes Longprés
Les Cèdres
Production céréalière biologique sur 450 hectares. Production d'huile et de farine biologiques.

Si ce n'étaient les champs de tournesol qui font tourner la tête lorsqu'on roule sur le chemin du Fleuve aux Cèdres à l'ouest de Montréal, cette ferme semblerait tout à fait conventionnelle : des champs de maïs, de soya et de blé. Mais là s'arrête le conventionnel tel qu'on l'entend en agriculture. Les convictions qui guident les Dewavrin ne répondent pas aux dictats de l'industrie. Elles sont personnelles et ils les défendent avec conviction. Chez eux, les OGM ne sont pas nécessaires, et la culture biologique à grande échelle est non seulement possible, mais souhaitable. « Le bio peut nourrir le monde convenablement sans empoisonner l'environnement. » L'idée que l'on se fait de l'agriculture biologique est parfois altérée par des images passéistes. On pense petit, artisanal, marginal. Les Dewavrin nous ouvrent à une autre réalité : l'agriculture biologique telle qu'ils la préconisent est moderne, innovante, fondée sur des bases scientifiques.

TROIS FRÈRES ; TROIS FORCES COMPLÉMENTAIRES

Avec un nom comme Dewavrin, on devine les racines européennes. En 1977, les parents ont quitté leur ferme du Berry en France pour assurer un meilleur avenir à leurs enfants. « Les possibilités d'expansion étaient limitées alors qu'ici tout était possible », raconte Loïc qui avait 14 ans au moment de la grande traversée. Il était bien assez grand pour savoir qu'il ne voulait pas être agriculteur, mais trop jeune pour réaliser que la vie en déciderait autrement. « Pour mon frère Thomas, c'était clair. Il avait l'agriculture en lui et a fait son cours d'ingénieur agronome au collège Macdonald de l'Université McGill. Côme, le plus manuel des trois, a lui aussi choisi la ferme. Il a une formation de technicien agricole. Moi, j'ai fait génie industriel, puis j'ai travaillé pour des firmes privées pendant quelques années. » En 1994, les parents étaient prêts à passer le flambeau des Fermes Longprés. Concours de circonstances, Loïc se sentait prêt à relever de nouveaux défis. Son emploi d'ingénieur ne le comblait plus comme avant. C'est ainsi que les 3 frères se sont retrouvés avec une ferme de grandes cultures disposant de près de 450 hectares de bonnes terres. Les revenus de la ferme n'étaient toutefois pas suffisants pour que les trois familles en vivent. Il fallait donc lui donner une nouvelle envergure.

Le fait que Loïc Dewavrin ait évolué dans une sphère autre que l'agriculture a été un atout pour le trio. « Je n'ai pas été formaté pour l'agriculture conventionnelle. Ça apporte une perspective différente. Je n'ai pas d'idée préconçue et je suis ouvert à d'autres façons de faire. L'intégration des étapes de production et de transformation à la ferme nous est apparue comme une façon intéressante d'augmenter notre chiffre d'affaires. » Ainsi, les Dewavrin ont ajouté à leur production une culture peu répandue au Québec : le tournesol. Ils ont aussi fait l'acquisition d'une unité de production d'huile de tournesol pressée à froid. Tout s'annonçait pour le mieux. Lorsqu'ils ont proposé cette huile aux magasins d'aliments naturels et aux épiceries, l'accueil reçu les a fait réfléchir. « On nous demandait systématiquement si notre produit était bio. On ne savait même pas ce que ça sous-entendait dans les faits. Les produits comparables, d'importation, étaient bios. On s'est donc informés sur le sujet et, dès l'année suivante, on a fait les changements requis pour passer à l'agriculture biologique dans nos parcelles de tournesol. Ça a été l'étincelle qui a donné le coup d'envoi du bio. » Une étincelle qui a eu tout un effet. Une porte s'est ouverte sur un marché plus payant et en progression alors que la culture avec intrants de synthèse, elle, les maintenait dans le marché souvent précaire des produits de masse. Les Dewavrin disposaient à ce moment de 600 hectares, et toute cette superficie a été convertie au bio en 6 ans. Six ans en agriculture, surtout pour faire une transition aussi exigeante, c'est bien peu de temps. Aujourd'hui, le bio fait partie de leur vie. Pour les Dewavrin, il est acquis que la planète plus verte dont on rêve pour nos enfants, ça commence dans les champs. « À l'époque, il y avait peu de documentation et de soutien technique pour nous aider. Il fallait se déplacer pour voir ce qui se faisait ailleurs. Avec Internet, l'information circule mieux. »

Passer au bio implique plusieurs choses : éliminer et remplacer les engrais et les pesticides de synthèse, ajuster les méthodes de culture en conséquence, planifier des bandes de protection pour s'isoler des dérives de pesticides ou du pollen des plantes des cultures génétiquement modifiées, etc. « Ça implique surtout un changement de mentalités ! Cesser de penser que toutes les solutions viennent de l'industrie. L'agriculture, c'est dans les champs que ça se passe, en harmonie avec la nature, et non pas en lutte perpétuelle contre celle-ci... Les rendements en sont souvent affectés, le temps de s'adapter à toutes ces nouvelles façons de faire, et du coup, nous n'étions plus admissibles à certains programmes de soutien, explique Loïc Dewavrin. Nous sommes exclus de l'assurance-récolte, car nous produisons nos semences nous-mêmes plutôt que de les acheter auprès d'un semencier. De façon générale, je peux dire que les programmes actuels ne sont vraiment pas adaptés à la réalité du bio. Ils tiennent compte de rendements que l'on obtiendrait avec des engrais et des pesticides, donc plus élevés. On compense selon les prix du marché du conventionnel, en général plus bas que le bio, mais ça revient à des queues de poires ! Il fallait se lancer et il fallait y croire ! Heureusement que nous n'étions pas endettés. Le banquier n'aurait pas apprécié cela. Avec le temps, les revenus et les rendements sont revenus à la normale. » En matière de rendement, la normale, dans le bio, est souvent inférieure à ce que l'on obtient avec l'approche conventionnelle. Cela dit, les Dewavrin n'ont pas à rougir de leurs résultats : neuf tonnes de maïs bio à l'hectare les placent parmi les meilleurs, toutes catégories confondues.

AVANT LE BIO, LE BILLON

Bien avant l'introduction du bio dans leur ferme, les Dewavrin avaient amorcé une réflexion sur l'importance de la vie microbienne du sol. C'est la culture en billons qui leur avait ouvert une belle porte vers le bio. La culture en billons est une pratique culturale qui présente beaucoup d'avantages, mais demeure peu répandue au Québec. Les billons sont de longues bandes de terres surélevées où l'on cultive les végétaux. « La première année, on sème le maïs sur un terrain plat. En début de croissance du maïs, lors du sarclage des mauvaises herbes, on rechausse les plants à l'aide de butoirs sur le sarcleur de façon à former ce qui deviendra le billon, un genre de talus de 20 à 25 centimètres de hauteur sur toute la longueur du champ. Les billons sont espacés d'environ 75 centimètres les uns des autres.

« Ce billon de terre présente bien des avantages : le sol se réchauffe plus rapidement au printemps, il est mieux drainé et, pour ceux qui utilisent des herbicides, ils ne sont appliqués que sur la bande. On réduit l'usage des herbicides de 75 % grâce au sarclage de l'entre-rang. » Du billon au bio, la transition s'est faite presque naturellement pour les Dewavrin.

On ne fait plus de labours, ni de préparation mécanique du lit de semence. Après plusieurs années de ce régime santé, les Dewavrin se réjouissent du fait que la structure et la vie du sol en sont stimulées et que les besoins en fertilisants sont moindres. L'économie est intéressante. Le printemps suivant, le semis de soya se fait avec un planteur équipé de décapeurs qui ne font que nettoyer le dessus du billon.

Les fertilisants, s'ils sont requis, sont appliqués seulement en bandes le long du billon. Chez les Dewavrin, il s'agit d'engrais organiques. « Nous avons opté pour du fumier de poulet, nutritif et plus facilement transportable. Nous l'appliquons à dose réduite grâce à un épandeur adapté que l'on a conçu nous-mêmes. » Deux ingénieurs et un technicien, c'est fort utile dans une ferme.

La fertilisation des cultures provient aussi des engrais verts, une technique éprouvée depuis fort longtemps, mais qui a été détrônée par les engrais de synthèse. Cela consiste à enfouir des végétaux dans le sol. Leur décomposition augmente la matière organique, stimule la vie microbienne souterraine et la fertilité du sol. Pour les tenants de l'agriculture biologique, les engrais verts sont essentiels. On a recours à des plantes de la famille des légumineuses comme la vesce et le pois. Ces plantes ont la particularité de capter l'azote de l'air et de le renvoyer dans le sol sous une forme assimilable par les plantes. « C'est une source d'éléments nutritifs complètement renouvelable. Selon nous, c'est la base même de la survie à long terme de l'agriculture. »

L'agriculture biologique doit aussi compter sur ses propres ressources pour lutter contre l'envahissement des mauvaises herbes. Pas question d'utiliser les herbicides. On sème donc du trèfle ou du ray-grass, une graminée annuelle, entre les billons. Dans les champs de blé, on remarque à travers les épis la présence de verdure. Du trèfle a été semé en vue d'étouffer les mauvaises herbes. Il accompagne le blé sans lui nuire. C'est ce qu'on appelle une culture intercalaire. Finalement, aux Fermes Longprés, la composition des champs est orchestrée d'une façon telle que les indésirables ont la vie dure... naturellement.

LA LUTTE CONTRE LES INSECTES SANS INSECTICIDES

Au fil de leurs travaux, les frères Dewavrin avaient observé un phénomène intéressant. Une fois la récolte des champs de blé terminée, les coccinelles qui les habitaient migraient vers les champs de soya adjacents et se nourrissaient de pucerons nuisibles. Une observation qui n'est pas restée sans suite puisqu'elle a été à la base d'un projet de recherche qui se déroule depuis quelques années à la ferme. La recherche se fait en partenariat avec une équipe d'entomologistes de l'Université du Québec à Montréal. Les Dewavrin ont implanté et entretiennent le dispositif de recherche, et le MAPAQ participe au financement du projet. Afin de tester le potentiel de cette migration de coccinelles comme outil de contrôle biologique des pucerons, les champs des Fermes Longprés sont maintenant cultivés de façon très particulière. Les cultures sont disposées sur de très larges bandes, soit de 18 ou de 30 mètres. Du haut des airs, on pourrait voir une suite de grandes rayures créées par l'alternance des cultures : maïs, soya, tournesol, blé, engrais vert, disposés stratégiquement afin d'étudier le comportement des insectes. Les semis se faisant à différentes dates, l'exercice relève de la haute voltige. Un système GPS très précis est nécessaire pour que tout arrive au bon endroit et à point nommé. Ce compagnonnage à grande échelle pourrait avoir des effets bénéfiques sur le contrôle naturel des insectes nuisibles et profiter non seulement aux tenants du bio, mais à l'ensemble de l'agriculture. Après six années de recherche, les résultats confirment que cette pratique est efficace lors des années de forte infestation. Bien que l'augmentation de la biodiversité soit évidente, le dispositif n'a pas encore permis de tirer des conclusions claires en matière de productivité. On attend des effets à long terme... Lorsque l'on travaille au rythme des saisons, il faut du temps pour avoir des réponses, mais les Dewavrin sont des gens patients et convaincus.

COHABITER AVEC LES OGM DES AUTRES

Les trois frères Dewavrin n'hésitent jamais à adopter les plus récentes technologies pour améliorer leurs performances agronomiques, mais les semences génétiquement modifiées n'en font pas partie, et ce, pour plusieurs raisons. D'abord, à long terme, ils sont de ceux qui pensent que rien ne prouve que ces technologies sont sans danger pour la santé et l'environnement. Le principe de précaution tel qu'il est appliqué dans les cahiers des charges du bio est de mise et en phase avec leur position. Les propriétaires des Fermes Longprés ont aussi un point de vue personnel sur les OGM : « La culture des plantes génétiquement modifiées est plus simple, une semence, un herbicide, et c'est fait. Mais nous ne sommes pas à l'aise avec la dépendance que cela crée envers quelques multinationales. Nous pensons aussi que cette facilité entraîne une perte de savoir qui rend vulnérables les agriculteurs. » De toute évidence, Loïc Dewavrin et ses frères préfèrent garder le contrôle sur ce qu'ils font. Cela dit, quand on décide de ne pas cultiver des plantes génétiquement modifiées, le voisinage n'est pas facile à gérer dans les campagnes, puisque ces cultures sont largement répandues, entre autres dans le maïs et le soya. En bons gentlemen, les Dewavrin se sont déjà offerts pour aller semer, à leurs frais, des bandes tampons sans OGM chez les voisins concernés afin de s'assurer que leurs champs soient protégés de toute contamination. « C'était de bonne guerre », dit-il en souriant. Loïc Dewavrin est une force tranquille.

Toujours par souci d'autonomie, les Dewavrin se chargent aussi de la production de leurs propres semences, ce qui est très rare de nos jours. La plupart des agriculteurs s'approvisionnent auprès de représentants des quelques semenciers de ce monde. Il faut dire que l'omniprésence des semences génétiquement modifiées chez les fournisseurs laisse peu de choix à qui voudrait faire autrement. En produisant eux-mêmes leurs semences, les Dewavrin protègent l'intégrité de leurs champs bios en éliminant les risques de contamination par les OGM et par les graines de mauvaises herbes étrangères à la ferme. « Ce choix, bien que légitime, n'est pas sans conséquence ; il retire à ceux qui s'en prévalent le droit à l'assurance-récolte, une aberration probablement due au lobby de l'industrie semencière auprès de nos institutions gouvernementales. » Pour les Dewavrin, la production de semences est aussi liée à une question d'autonomie et de souveraineté alimentaire, des valeurs qui leur sont chères et qui se traduisent de bien des façons chez eux.

UNE INTÉGRATION VERTICALE

En 2011, les Dewavrin ont entrepris la construction d'un moulin pour transformer certains de leurs grains. Le bâtiment est adjacent aux silos où sont entreposées semences produites à la ferme ainsi que leurs multiples récoltes. « Nous voulons transformer une partie de nos récoltes et les vendre à des boulangers et autres clients du coin, ce qui permettra de limiter la distance que nos grains parcourent avant d'être consommés. La création d'un circuit court est aussi une contribution à l'environnement. »

Ainsi donc, en 1994, la décision de cultiver des graines de tournesol, de les transformer en huile et de les commercialiser n'était pas le fruit du hasard ; cela s'inscrivait dans leur vision entrepreneuriale. « Pour nous, autonomie et souveraineté alimentaire vont de pair. Cela signifie pour nous aller vers la transformation et même la distribution à la ferme de produits destinés à un marché local. »

La mise au point de nouveaux outils et de nouvelles méthodes pour la production biologique de grande envergure et le développement de compétences pour la transformation et la commercialisation à la ferme contribuent à cette quête d'autonomie. De toute évidence, la facilité n'est jamais entrée en ligne de compte dans les orientations que les Dewavrin ont données à la ferme familiale. Ces orientations sont originales, correspondent à ce qu'ils sont et à leurs valeurs : un anticonformisme réfléchi et respectueux de la nature, qui fait d'eux des bâtisseurs d'une nouvelle agriculture, des agriculteurs très reconnus par leurs pairs et une référence en production biologique à grande échelle.

ROBERT BEAUCHEMIN : L'ENTREPRENEURSHIP VERT

Par l'élaboration de farines de haute qualité, Robert Beauchemin cherche à améliorer l'environnement et l'agriculture régionale. Il rêve du jour où l'on parlera d'une agriculture d'excellence qui nourrit les humains sans entacher les ressources naturelles.

Robert Beauchemin
Meunerie La Milanaise, Milan
Moulins de Soulanges
Saint-Polycarpe
Production et conception de farines de spécialités pour les filières boulangères et alimentaires.

La formation de Robert Beauchemin ne le destinait pas à l'agriculture. Finissant du cours classique, diplômé de Polytechnique, titulaire d'une maîtrise en mathématiques, il constate en entrant sur le marché du travail que celui-ci ne lui convient pas et le jeune homme «prend sa retraite»! C'est l'époque du retour à la terre. Il s'installe dans une ferme avec un partenaire. C'est pour lui une nouvelle manière de comprendre le monde. Après quelques années, il laisse l'entreprise à son associé et part en Afrique où des expériences très intenses changeront ses valeurs.

Robert Beauchemin était en Angola au moment de la guerre de libération, tentant de nourrir les habitants des zones libérées par la guérilla. Les besoins étaient criants. «Il fallait y répondre avec les bras disponibles, un peu de semences et la matière organique sur place. J'ai compris comment la nature se régularise et comment l'humain fait partie d'un système.» C'est ainsi que celui qui a présidé pendant des années la Filière biologique du Québec a fait son éducation de l'agriculture biologique. Il mettra sur pied La Milanaise, meunerie spécialisée dans la fabrication de farines bios, ainsi que les Moulins de Soulanges, dont les produits sont issus de l'agriculture raisonnée.

REVOIR LA FAÇON DE NOURRIR LES GENS

À son retour d'Afrique, avec sa conjointe, Lily Vallières, une diététiste qui fera carrière comme consultante dans le domaine de la santé, il s'installe à Milan près de Lac-Mégantic, et se lance dans la production de céréales et dans l'élevage de moutons. «On avait des céréales, mais pas de clients. On s'est dit qu'on pourrait moudre nos céréales et en faire de la farine. On a trouvé un moulin avec des meules de pierre aux États-Unis et on s'est mis à faire de la farine. L'intérêt pour les produits naturels augmentait à cette époque. Notre qualité de production n'était pas excellente, mais les gens étaient heureux d'acheter ce qu'on proposait. Après deux ans, la demande excédait notre capacité de production. Nous avons commencé à acheter du blé en Ontario, puis en Saskatchewan. C'est là que l'on trouvait des céréales produites sans pesticides et sans engrais chimiques.»

Robert Beauchemin fait alors la connaissance de ce qu'il appelle une «cohorte bizarre», des gens de toutes provenances, professant les pratiques de la biodynamie et imaginant des approches philosophiques et sociologiques bien à eux. «Une gauche tellement à gauche qu'elle se retrouve à droite», dit-il. Certains d'entre eux cultivent des céréales sur de grandes superficies et produisent des grains de qualité exceptionnelle. Il approfondit avec eux ses connaissances en production bio, lit *in extenso* Rudolf Steiner, père de l'agriculture biodynamique, constate que ce qui se passe chez nous se passe aussi aux États-Unis ou ailleurs, et il acquiert la conviction que les technologies utilisées par l'agriculture industrielle épuisent nos ressources. «Il fallait revoir notre façon de nourrir les gens.» S'ensuit alors une intense période de partage avec des agriculteurs bios américains, qui deviennent aussi des partenaires de poker. «Autour de la table de jeu, il y avait beaucoup d'échanges de connaissances.»

Il prend ses distances du groupe au moment où il constate que celui-ci applique ses principes de manière absolue. «Éduqué chez les jésuites, j'avais déjà donné en matière de dogmes. Je suis un douteur professionnel. Je suis convaincu qu'il faut toujours remettre les choses en question.» Sa pensée évolue avec l'expérience et ses lectures, car il s'intéresse autant à l'histoire qu'à la politique et aux techniques agronomiques. « Au Québec, on a une agriculture assez propre, l'hiver arrête tout, les fermes laitières familiales sont par nature en équilibre avec leur milieu. C'est la superspécialisation qui crée des problèmes. Le capital a pris le dessus. Le cadre sociologique de l'agriculture se détruit. On a oublié qu'une ferme est une structure vivante qui doit répondre aux mêmes impératifs de survie des espèces. Ses stratégies doivent tenir compte de sa communauté écologique. »

DE L'AGRICULTURE BIO À L'AGRICULTURE RAISONNÉE

Bien qu'il ait travaillé à l'obtention d'une reconnaissance gouvernementale de l'appellation bio, au lieu de consacrer son énergie à la pureté des normes, Robert Beauchemin préfère influencer le développement général des pratiques agronomiques. « Trop concentrer ses efforts sur la définition de ce qui est permis ou n'est pas permis constitue parfois un frein au changement plutôt qu'une force de changement. On en arrive à ne plus remettre en question les pratiques, car les normes bloquent les choses dans le temps. Plus on avance, plus on comprend qu'on en sait peu sur la biologie des sols et des plantes. » Celles qui sont exigées pour pouvoir utiliser l'appellation bio, en effet, peuvent devenir une autre

Les trois associés des Moulins de Soulanges : Bernard Fiset de Première Moisson et Gilles Audette du centre de grain Agri-Fusion entourent Robert Beauchemin.

façon de contrôler un marché et d'exclure des pratiques agronomiques qui, bien que poursuivant les objectifs du bio, n'ont pas encore réussi à répondre à toutes les exigences. Robert Beauchemin préfère être un « influenceur » sur le plan agronomique que quelqu'un qui exploite une zone de marché.

C'est ainsi qu'il a ajouté à son activité de production de farines bios à La Milanaise celle de la production de farines de blé issues de l'agriculture raisonnée aux Moulins de Soulanges. L'agriculture raisonnée élimine progressivement l'utilisation de pesticides et propose des pratiques agronomiques que les agriculteurs peuvent intégrer sans risque d'être exclus si une difficulté survient et qu'ils n'ont alors d'autre recours que l'utilisation des pesticides, comme c'est le cas pour les productions bios. « Je voulais appuyer la démarche de producteurs qui ont mis en place de nouvelles pratiques plus respectueuses de l'environnement – AgroNature, Terre vivante – sans les mettre à risque économiquement. On a mis 50 ans à bousiller l'agriculture, on pourrait bien mettre 10 ans à la redresser sans courir trop de risques économiques. »

Les agriculteurs qui s'inscrivent dans ce programme d'amélioration continue, supervisée par des spécialistes, s'engagent à ne pas utiliser de pesticides, à réaliser de saines rotations des cultures, à optimiser la fertilisation, à répondre à des prescriptions concernant les travaux des sols et la biodiversité, et à assurer la traçabilité des produits. Ils reçoivent une prime pour appuyer le respect des normes, qui évoluent selon les nouvelles attentes du marché et les connaissances scientifiques disponibles.

« Au Québec, on adopte souvent une position défensive. On érige des barrières. Je ne sais pas si c'est notre passé de colonisés qui a créé cette habitude, ce refus de devenir. En érigeant ici des barrières plus hautes qu'ailleurs pour les produits bios, on crée un groupe d'élite qui diminue la compétition. Mais la compétition oblige à l'excellence. On ne gagne pas la coupe Stanley uniquement par la défense ! Alors que le bio augmente ses parts de marché de 25 % à 40 % en Allemagne et en Italie, ici, le bio plafonne. Nos exigences font en sorte que le bio coûte trop cher sans faire progresser les producteurs. Je me suis rendu compte que ma vision ne pourrait pas se réaliser uniquement par le bio. Le plus important, pour moi, c'est de diminuer l'utilisation des pesticides. Je suis bien sûr très critique envers les OGM. Au départ, c'était la concentration du pouvoir entre les mains de quelques compagnies qui me rendait critique envers eux, mais actuellement on commence à voir les effets du glyphosate sur le système immunitaire du blé. Je suis donc encore plus inquiet. »

DES MAILLAGES TRÈS FÉCONDS

Robert Beauchemin fournit de la farine depuis des années aux boulangers artisans et industriels, et certains d'entre eux lui expriment leur insatisfaction quant à la farine qu'ils trouvent sur le marché, car tous n'ont pas une clientèle prête à payer le prix du bio. C'est ainsi que, pour répondre aux besoins de ses clients, il met sur pied les Moulins de Soulanges dont les farines proviennent du blé d'entreprises agricoles qui se sont inscrites dans un processus d'amélioration continue de leurs pratiques agronomiques, l'Agriculture raisonnée. « Nous avons deux agronomes qui se déplacent et qui accompagnent nos producteurs dans ce changement. Il y a maintenant 25 000 acres de blé produits avec 80 % moins de pesticides. Voilà qui correspond à ma vision. »

Alors qu'avec sa conjointe, qui lui a apporté beaucoup d'aide dans la structuration de leur entreprise, il est propriétaire de La Milanaise, le projet des Moulins de Soulanges a vu le jour en partenariat avec des producteurs et les boulangeries Première Moisson, qui avaient des exigences précises sur la qualité de leur farine. « Il nous a fallu sortir de notre mentalité de pionniers où on se débrouille seul en étant maître de toutes nos décisions et gérer nos craintes de travailler avec d'autres afin de créer une convention d'actionnaires où nous sommes tout de même majoritaires et avec laquelle nous étions à l'aise. Nous avions quelque chose à apprendre de ce nouveau partenariat et j'ai beaucoup appris, en particulier de madame Colpron, la propriétaire de Première Moisson. Au début, même si elle participait à ce projet pour s'assurer des approvisionnements qui correspondaient à des spécifications précises, elle a exprimé la volonté que nous devenions un centre de profits, que l'on ait d'autres clients que Première Moisson. » « Si je vous empêchais d'aller vers d'autres clients, a-t-elle affirmé, je diminuerais votre goût de vous surpasser et je me priverais de l'expertise que vous allez ainsi développer. »

En 2011, 38 producteurs bios fournissent du blé à La Milanaise ; 300 producteurs sont inscrits à la démarche Agriculture raisonnée et envoient leur production aux Moulins de Soulanges. Robert Beauchemin préfère acheter son blé au Québec. Certains de ses clients l'exigent. Cependant, il avoue que les relations d'affaires sont plus faciles au Nouveau-Brunswick, en Ontario ou en Saskatchewan. « Il y a là des agriculteurs au faîte de leur art, qui considèrent que le gouvernement du Québec leur fait une injuste compétition avec ses programmes de soutien. Pour ma part, je considère que ces programmes ont fait perdre à certains producteurs québécois les notions de clients et d'occasions d'affaires. Les relations clients-fournisseurs sont plus difficiles à établir au Québec. » Cependant, les producteurs québécois sont nombreux à s'inscrire dans la démarche proposée par les Moulins de Soulanges, et de nouvelles ententes avec des coopératives du réseau de la Coop fédérée font en sorte que les agriculteurs sont de plus en plus satisfaits.

La qualité de farine fournie par les Moulins de Soulanges répondait à un besoin. Dès la deuxième année, la meunerie travaillait sans déficit d'exploitation. De nouveaux produits ont été créés. Ainsi, la Boulangerie Auger de Saint-Jérôme a relevé le défi de produire un pain blanc tranché fabriqué sans améliorant pour les acheteurs très sensibles au prix. Costco et Walmart les distribuent. De petits artisans y trouvent aussi le type de farines qu'ils recherchent pour des produits haut de gamme. Première Moisson obtient les farines qui correspondent à ses besoins pour l'ensemble de ses produits. Chaque année, les producteurs sont invités à visiter les installations des Moulins de Soulanges et de Première Moisson. Ils en ressortent fiers de ce qu'on y fabrique avec les blés qu'ils ont cultivés.

Robert Beauchemin et sa conjointe ont aussi des raisons d'être fiers. Ils ont eu de nombreuses offres d'achat pour La Milanaise. Ils y sont trop attachés pour la vendre et veulent que l'entreprise continue à se développer avec les mêmes valeurs. En créant un nouveau marché et une nouvelle chaîne de production, du blé à la farine et aux croissants, ils ont soutenu le développement de la filière biologique, stimulé le changement des pratiques agronomiques vers une plus grande protection de la ressource et de l'environnement et, nous le verrons dans quelques années, possiblement renouvelé la façon de voir et de faire le bio. En répondant aux attentes de la société inquiète des effets de son alimentation, La Milanaise et les Moulins de Soulanges ont soutenu le développement économique de nombreux agriculteurs comme de nombreux boulangers. Les ententes et partenariats qui ont été créés sont des modèles pour bien d'autres producteurs et transformateurs de produits agricoles, car ils sont des moyens offensifs de gagner. Par-dessus tout, de nouvelles façons de nourrir les gens ont été expérimentées et... fonctionnent.

RICHARD LAUZIER : UNE ESPÈCE EN VOIE D'EXTINCTION

L'exploit de Richard Lauzier aura été de mobiliser les agriculteurs autour d'une cause commune : la lutte à la pollution d'origine agricole. Cet agronome audacieux a inspiré plusieurs autres acteurs du milieu agricole.

Richard Lauzier
Centre de services agricoles
Bedford
Ministère de l'Agriculture,
des Pêcheries et de l'Alimentation
du Québec

« Je suis un dinosaure en voie d'extinction. » C'est ainsi que l'agronome Richard Lauzier se décrit. Il n'a pas tort. Au service de la fonction publique depuis 28 ans, cet homme incarne l'image classique de l'agronome : un serviteur de l'État sillonnant les campagnes québécoises pour informer, conseiller et accompagner les agriculteurs. Ce n'est plus le reflet de la réalité, car il est fréquent aujourd'hui que les conseils des agronomes soient liés à la vente de produits et de services : semences, engrais, médicaments vétérinaires, pesticides, prêts bancaires, etc. L'histoire de Richard Lauzier témoigne de la perte d'expertise agronomique au sein de l'État. Richard Lauzier est un battant, un aventurier, un esprit libre qui n'a pas hésité à sortir du cadre de ses fonctions pour la cause d'une agriculture plus responsable. Une mission, donc, qui ne s'est pas faite sans défoncer quelques portes ici et là.

DES AVENTURES FORMATRICES

Le goût de l'agriculture et de l'aventure est imprégné en Richard Lauzier. Il l'exprime autant dans son travail que dans son quotidien. Chez lui, la piscine creusée a été transformée en serre où il récolte des kilos de courges, des tomates du patrimoine et autres produits maraîchers. C'est l'abondance. Sur les arceaux de la structure de métal qui tiennent la bâche de plastique, des collets sont accrochés. Après les récoltes, il sera prêt pour le trappage. La nature fait partie intégrante de sa vie.

À la fin de ses études en 1979, Richard s'est lancé dans l'aventure de l'agriculture au Lac-Saint-Jean. Il y a créé, avec une douzaine d'amis, une coopérative de production et de distribution de fines herbes et de tisanes. « Ça marchait bien ! On vendait dans les épiceries de la région, de Québec, de la Côte-Nord et même en Gaspésie. » Montréal était dans leur mire. Lorsque ses collègues et lui se sont frottés aux grands joueurs des épices, ils ont littéralement été rayés de la carte. « J'avais mis tout mon argent là-dedans et j'ai tout perdu, mais j'ai aimé chaque moment et je ne regrette rien ! » Ce revers de fortune l'a amené là où commencerait pour lui une autre aventure agronomique : la fonction publique.

Avec son style non conformiste, rebelle même, difficile d'imaginer Richard Lauzier dans un rôle de vendeur d'assurances. Et pourtant, il s'y est plu. « Jamais je n'aurais pensé travailler comme fonctionnaire à la Régie des assurances agricoles et faire du porte-à-porte, mais ça a été très formateur. Ça m'a appris à vendre une idée, un concept. Mes semaines consistaient à aller dans les fermes et compter. Compter les parcelles en culture, les animaux... J'ai fait toutes les régions : Bas-Saint-Laurent, Estrie, Portneuf, nommez-les. J'ai roulé ma bosse. » Rares sont les agronomes qui ont fait autant de chemins de rang que Richard Lauzier. Après un moment de silence, il reprend : « Tout ça m'a permis de bien saisir la nature des agriculteurs. J'ai beaucoup d'admiration pour eux, pour leur résilience, leur imagination. Ils doivent composer avec des dynasties familiales qui ne sont pas toujours évidentes à gérer lorsqu'ils veulent changer les choses dans l'entreprise. Mais ils finissent par y arriver. On est tous semblables, on change, mais lentement. » C'est là, sans doute, la force de Richard Lauzier : sa capacité à comprendre le monde de l'agriculture et à composer avec les agriculteurs sans condescendance. À la Régie des assurances agricoles, l'agronome a bourlingué en tant qu'agent évaluateur et a poursuivi comme conseiller régional. On lui confiait les dossiers problématiques. « J'avais les malcommodes, les difficiles, ceux à qui on doit serrer la vis parce qu'ils ne travaillent pas comme il faut, mais qui veulent bénéficier de l'aide de l'État. » Certains auraient vu ces fonctions comme une sentence. Pas Richard Lauzier. « Y a pas meilleure façon de se faire un portrait global de l'agriculture, de la culture bio à la production extrêmement intensive avec engrais et pesticides de synthèse. Tu vois qui fait quoi et comment il le fait, ce qui fonctionne, ce qui ne fonctionne pas. C'est très intéressant. » En 1995, un poste d'agronome au ministère de l'Agriculture s'est ouvert à Bedford. C'est là que Richard Lauzier a posé son baluchon et qu'il a mis toutes les connaissances amassées au profit d'un projet dont il ne devinait même pas la portée. Bedford est situé en Montérégie, une belle région agricole du Québec, aux portes des Cantons de l'Est. « L'endroit se distinguait par une agriculture prospère, diversifiée, mais aux prises avec de sérieux problèmes environnementaux comme plusieurs régions du Québec où l'agriculture industrielle s'est installée. »

LA GRANDE AVENTURE DE LA RIVIÈRE AUX BROCHETS

Comme le rappelle Richard Lauzier, c'étaient les belles années du ministère de l'Agriculture. « On avait le mandat de développer, d'essayer de nouvelles choses, d'expérimenter. On jouissait d'une complète liberté. Quelqu'un qui avait un esprit entrepreneurial pouvait faire littéralement ce qu'il voulait. » Richard Lauzier en profite. Il commence par le commencement : marcher sur les terres et, par conséquent, le long des cours d'eau qui les traversaient.

La rivière aux Brochets traverse les terres agricoles de Bedford et plusieurs autres villages de la région de Brome-Missisquoi. Une rivière de 67 kilomètres de longueur qui prend naissance au Vermont et qui draine un bassin versant de 630 kilomètres carrés et abondamment cultivé. Le parcours de l'eau est dicté par les bassins versants. De l'amont à l'aval, des hauteurs vers les basses terres, de la surface aux profondeurs, l'eau des terres fait son chemin vers des ruisseaux, des rivières, puis des fleuves, emportant avec elle sa charge de sédiments et de polluants, incluant le phosphore. Le phosphore est un élément nutritif essentiel pour les végétaux. Il est présent de façon naturelle dans le sol, mais difficilement assimilable par les plantes. On l'ajoute donc sous forme d'engrais, parfois en grande quantité, pour obtenir les rendements rêvés. « Toute cette machine de la productivité, ce sont nous, les agronomes, qui en avons fait la promotion. Du temps de mes études, c'était rendement, productivité, efficacité. L'environnement, on n'en parlait pas. C'était une autre époque. » L'approche nouvelle préconisée par Richard Lauzier allait conduire « ses » producteurs vers un autre paradigme.

« La chose qui m'a le plus frappé, c'est de voir comment on cultivait près des cours d'eau. J'observais des pertes de sol, une fragilité généralisée de la bande riveraine. On pouvait constater les impacts sur la qualité des cours d'eau. Le problème du phosphore, à l'origine de l'eutrophisation des cours d'eau et des algues bleues, était une réalité très concrète pour nous. Les producteurs n'aimaient pas polluer et se faire traiter de pollueurs. » Il y avait beaucoup à faire pour redresser la situation et, surtout, changer les mentalités. Richard Lauzier s'est allié à du solide : l'Institut de recherche et de développement en agroenvironnement, l'IRDA, et une équipe de chercheurs chevronnés, dont Aubert Michaud, spécialiste de la conservation des sols et de l'eau. C'est ainsi qu'un partenariat recherche-action est né, dans le but de résoudre ce problème des algues bleu-vert et des pertes de phosphore.

Ils ont commencé petit. C'était en 1996. « On s'est concentrés sur un cours d'eau, le ruisseau Castor, un affluent de la rivière aux Brochets. Ce sous-bassin versant couvrait un territoire de 11 kilomètres carrés regroupant 19 fermes. Un territoire d'agriculture intensive et diversifiée : grandes cultures de maïs et de soya, fermes laitières, porcheries. On a formé un comité avec des agriculteurs. Il fallait qu'ils embarquent pour que ça marche. » C'est ainsi qu'ils ont dressé un portrait de chaque champ, 350 au total, qui leur a permis de cerner, preuves scientifiques à l'appui, la source du problème, c'est-à-dire l'impact du phosphore et des autres éléments fertilisants. Après 2 ans de mesures, on avait une idée de la situation : le ruisseau Castor recevait 19 tonnes d'azote et 2 tonnes de phosphore annuellement. Une forte proportion de cette charge de fertilisants se retrouvait dans l'eau à la suite de pluies intenses et lors de la fonte des neiges. L'eau ruisselait à la surface du sol enrichi de fertilisants. Les algues bleues proliféraient. « Ça me donnait des outils et des arguments pour leur proposer autre chose parce que l'idée était de trouver des solutions, pas des coupables. » Agriculteurs et agronomes ont donc préparé des plans de fertilisation selon la richesse réelle du sol en éléments fertilisants. Les agriculteurs ont pu les comparer avec ceux préparés par les « vendeurs d'engrais », comme on les appelle dans le métier. « La différence était grande ! Les agriculteurs pouvaient dorénavant faire leur choix en connaissance de cause et, à quelques exceptions près, ils ont réduit les apports d'engrais. »

Preuves à l'appui, agronomes, agriculteurs et chercheurs savaient qu'il fallait non seulement mieux maîtriser la fertilisation, mais freiner l'érosion des sols par une meilleure gestion de l'eau. Avant même que les programmes de subventions que l'on connaît aujourd'hui soient mis en place, Richard Lauzier a trouvé les moyens pour organiser l'instauration de travaux de génie agricole : réparation des ponceaux, avaloir, travail réduit du sol, bandes riveraines. Bref, on travaillait localement en gardant en tête la vue d'ensemble. « C'est quelque chose ! Malheureusement, tout ce travail accompli n'a pas été rendu public par les médias. Les agriculteurs se faisaient traiter de pollueurs plus souvent qu'autrement », se rappelle-t-il non sans amertume. Richard Lauzier et les agriculteurs de son groupe avaient du cœur au ventre et une carapace à toute épreuve. Reconnaissance ou pas, ils continuaient.

Devant les résultats obtenus, la conservation des sols a fait des adeptes, tant et si bien qu'en 1999 Richard Lauzier était déterminé plus que jamais à passer à l'étape suivante. Il fallait agir sur une plus grande superficie encore. Il a donc formé une coopérative de solidarité dont la mission était d'améliorer la qualité de l'eau sur l'ensemble du bassin versant de la rivière aux Brochets. De 19 producteurs participants, on est passé à 30. Aujourd'hui, ils sont 70. Un territoire de 630 kilomètres carrés est ainsi devenu un véritable laboratoire agroenvironnemental à ciel ouvert. « Ces agriculteurs se sont littéralement approprié le projet, certains sont même allés faire des travaux chez des voisins pour que ça fonctionne. L'approche coercitive, ça a ses limites. On peut faire tellement plus avec de l'accompagnement technique et humain. » De 1999 à 2004, la charge de phosphore dans certains affluents de la rivière aux Brochets a diminué du quart ! Des résultats impressionnants qui l'aideraient à convaincre agriculteurs, fonctionnaires et sous-ministres d'embarquer dans un projet encore plus ambitieux : la Lisière verte.

LA LISIÈRE VERTE : UNE AVENTURE COLLECTIVE

« L'approche *patchwork*, c'est-à-dire des interventions ici et là, ça ne suffisait pas. » Le rêve de Richard Lauzier était une bande riveraine du début à la fin des cours d'eau. Une zone tampon qui servirait autant à la stabilisation des berges qu'à la retenue et à la filtration des éléments nutritifs qui ruissellent des champs. Généralement, la règle, qui n'est pas toujours appliquée, veut qu'une bande riveraine ait trois mètres de largeur. Richard Lauzier voyait plus grand. « Une bande de neuf mètres de végétaux permanents cultivables et même récoltables, dans certains cas, de l'amont à l'aval, jalonnant les cours d'eau tributaires de la rivière aux Brochets, voilà ce que je souhaitais. Des haies d'arbustes et d'arbres qui attirent les oiseaux chez l'un, du foin chez un autre, de façon à s'adapter aux besoins de chacun. Des interventions variées qui, en plus, agrémenteraient le paysage et contribueraient à la biodiversité du milieu agricole en abritant diverses espèces fauniques et floristiques. Dorénavant, le ruisseau devenait sacré. C'est ainsi qu'on devait voir les choses. »

En réalité, il s'agissait d'une aventure qui avait tout pour faire une embardée. Aux agriculteurs, Richard Lauzier a vendu l'idée qu'il n'y avait que du bon dans ce projet. « Ils ne perdraient pas de terrain, ils auraient les mêmes rendements, ne seraient pas laissés à eux-mêmes, on les accompagnerait et il n'y aurait pas de frais supplémentaires. » Si la rémunération des agriculteurs pour des biens et des services environnementaux rendus à la société est une façon logique de soutenir l'agriculture, cela n'était pas reconnu à l'époque, pas plus que maintenant, d'ailleurs.

À travers leurs efforts pour améliorer l'environnement, agronome et agriculteurs ont découvert l'importance du paysage en tant que ressource. Le paysage est plus qu'un lieu de production de denrées. Toutes ces haies servant de brise-vent, ces bandes riveraines favorisent la biodiversité et offrent un cadre de vie agréable aux vacanciers et aux résidents du coin. La population est de plus en plus sensible à la qualité de l'environement. La cration et l'entretien des paysages s'ajoutent à la fonction prmière de l'agriculture, celle de nourrir la population.

L'agronome est sorti de son comté, a franchi tous les obstacles et a ouvert toutes les portes, jusqu'à celles des sous-ministres, non sans en forcer quelques-unes, pour convaincre les deux paliers de gouvernements de débloquer des fonds pour la réalisation de sa Lisière verte. Les montants espérés, puis promis, n'arrivaient pas, et c'est la petite coopérative de solidarité du bassin versant de la rivière aux Brochets qui a dû négocier une bonne marge de crédit à la Caisse populaire de Bedford afin de commencer les travaux à temps. « Les ministères fédéral et provincial nous ont fait confiance, mais avec des conditions quasi impossibles à remplir. Il fallait garantir les résultats ! J'en ai passé, des nuits blanches à penser à ça. » Les agriculteurs y croyaient et s'y sont investis pendant deux années. « On a travaillé en gentlemen, tout le monde y a mis du sien. » La Lisière verte de Richard Lauzier et de son groupe d'agriculteurs a lentement pris forme. Quatre-vingt-cinq kilomètres de bandes riveraines, 25 hectares de plaines inondables transformées en cultures pérennes alors qu'elles étaient de maïs et de soya. Avec ces surfaces en herbages plutôt qu'en céréales annuelles, on éliminait les cas problématiques d'érosion puisque le couvert végétal protégeait le sol. Il s'agit d'une percée non seulement agroenvironnementale, mais aussi de développement durable. Les actions des agriculteurs pour préserver et conserver l'eau et les sols sont reconnues et saluées par la population locale, et le paysage acquiert une valeur jamais égalée.

LA FIN D'UN LONG PÉRIPLE

Bien de l'eau a coulé sous le pont couvert de Notre-Dame-de-Standbridge qui enjambe la rivière aux Brochets. « Un joyau de la nature qu'il faut préserver à tout prix. » À l'aube de la retraite, Richard Lauzier tire plusieurs conclusions de cette grande aventure : « La vision d'avenir, elle ne vient pas d'en haut. Si j'étais resté dans le petit cadre des programmes gouvernementaux offerts, je n'aurais rien fait. Il faut foncer et se battre. C'est trop simple de dire aux agriculteurs : " Arrangez-vous avec vos problèmes ". Notre rôle, c'est de leur proposer des solutions. La société doit payer si elle veut aller au-delà des normes minimales en environnement, il faut rétribuer les biens et les services environnementaux. Ça ne peut pas être à la charge des agriculteurs, puisque toute la société en bénéficie. »

Richard Lauzier se considère comme chanceux. Il a connu une belle époque. « Une époque en or », dit-il. Son travail a été récompensé par l'Ordre des agronomes du Québec, mais ce qu'il apprécie le plus, c'est encore la reconnaissance et l'amitié des agriculteurs qu'il a côtoyés pendant toutes ces années. « Ces agriculteurs, je les connais tous personnellement. Dans certains cas, j'ai brassé des affaires avec leur père et même leur grand-père. J'ai vu des mariages entre fils et filles d'agriculteurs, des valeurs se transmettre entre ces nouvelles alliances. Je me sens comme Mad Dog Vachon dans son royaume. »

Richard est un être qui demeure lucide. « Je sais bien que ces actions ne sont qu'un pansement sur un cancer. C'est l'*agrobusiness* qui mène le monde. Eux vendent l'agriculture productiviste à coup de milliards ; nous, on combat avec les moyens du bord, on arrive chez les agriculteurs en leur disant de faire attention à leur sol... » Malgré ce moment de dépit, Richard Lauzier maintient le cap sur le phare qui l'a toujours guidé : « Il faut poursuivre ses rêves. Je préfère avoir des remords que des regrets de n'avoir rien fait pour changer les choses. »

Les Lauzier, Michon, Dewavrin et Beauchemin empruntent des voies différentes pour atteindre un but commun : produire des denrées dans le respect de l'environnement et des ressources utilisées par l'agriculture. Ils sont les précurseurs d'une agriculture durable que nous aurions dû exiger avec plus de rigueur et soutenir avec plus de vigueur depuis fort longtemps.

Richard Lauzier nous rappelle qu'à une époque pas si lointaine, dans les facultés d'agriculture, on enseignait aux futurs agronomes les préceptes de la production efficace, performante, à haut rendement, sans se soucier de l'environnement. Les agronomes transmettaient ces connaissances à des centaines d'agriculteurs. Peut-on être surpris qu'on se soit mis à cultiver la moindre parcelle de sol jusqu'à la limite des cours d'eau et à utiliser plus d'engrais et de pesticides de synthèse ? L'homme pensait savoir mieux que la nature. Les résultats en tonnes à l'hectare le lui prouvaient, et les dommages collatéraux étaient à peine visibles, ou peut-être ne voulait-il pas les voir. Puis il y a eu le douloureux retour du balancier.

La plupart des cours d'eau en milieu agricole se retrouvent pollués, et la nature a outrepassé sa capacité à digérer tous ces éléments chimiques. Elle nous le signale entre autres sous forme d'algues bleu-vert et, bien que ça ne soit pas encore démontré scientifiquement, sous forme de maladies. C'était l'époque de l'agriculture inconsciente des limites du milieu naturel. Aujourd'hui, on comprend mieux, et un nombre croissant d'agronomes et d'agriculteurs se tournent vers de meilleures pratiques agricoles. Tous ne s'entendent pas cependant sur ce qui fait qu'une agriculture est plus saine qu'une autre.

Jocelyn Michon dira qu'il fait mieux que le bio, car sa consommation de carburant, d'engrais et de pesticides est moindre pour des rendements supérieurs. Loïc Dewavrin dira quant à lui que, bien que ses rendements ne soient pas tout à fait ceux qu'il pourrait obtenir du « conventionnel », il n'utilise aucun pesticide et ne cultive aucun OGM dont on ne connaît pas la portée environnementale.

Richard Lauzier et Robert Beauchemin font en sorte que l'environnement soit bien servi par des actions individuelles multipliées dans des dizaines de fermes. Ils changent le monde un geste à la fois, selon une approche plus inclusive, de façon à prendre les agriculteurs là où ils en sont dans leur cheminement et à les amener encore plus loin.

BIO OU CONVENTIONNEL?

Être bio ou conventionnel, c'est-à-dire cultiver avec ou sans intrants de synthèse, n'est pas la question. Tenons-nous loin de la bipolarisation de l'agriculture. Il n'y a pas de vérité absolue. Quelle est la meilleure agriculture ? La réponse à la question est complexe et se trouve sous nos pieds. Ce que l'on considère de façon très réductrice comme un support à racines renferme les deux richesses les plus précieuses de notre patrimoine collectif : l'eau et le sol. Nos ressources en eau, de par leur qualité et leur abondance, font l'envie de la plupart des agricultures du monde. Nous sommes parmi les plus privilégiés. Alors que tant de populations ont à composer avec des besoins accrus en eau, ainsi qu'avec une rareté généralisée, comment pourrions-nous agir autrement qu'avec le plus grand des respects envers cette ressource ? L'importance croissante que nous lui accordons en agriculture est incontournable.

Le sol agricole est tout aussi précieux pour des raisons différentes. Nous en avons peu au Québec. Une petite frange qui s'étend chaque côté du Saint-Laurent et qui se retrouve vite limitée par notre nordicité. Deux pour cent de notre territoire assurent notre sécurité alimentaire, notre garde-manger. Le peu de considération que l'on accorde au sol relève d'un manque flagrant de vision. Le sol est loin d'être une matière inerte, comme on le pense couramment. On nous enseignait à l'université qu'un gramme de sol contient autant de vie qu'un hectare de forêt amazonienne. Le sol n'est pas inerte. C'est une matière vivante qui constitue le premier maillon de la chaîne alimentaire.

Nourrir le sol qui nourrit la plante et l'animal qui nous nourrit devrait être la base de toutes les approches agronomiques, du bio à l'intensif. Il est étonnant, pour ne pas dire sidérant, de constater à quel point on a accordé peu d'importance au sol au cours des dernières décennies, alors qu'on lui a tant demandé. Dans notre course aveugle vers le rendement à tout prix et la conquête des marchés, on a cru pouvoir remplacer les cycles complexes du carbone, de l'azote et des autres éléments par l'apport de fertilisants de synthèse appliqués à la tonne et à prix fort. Les microorganismes produisant naturellement les éléments nutritifs n'étant plus nécessaires, la vie s'est retirée du sol.

RECONNAÎTRE LE SOL COMME L'EAU EN TANT QUE RESSOURCE

Il est à la fois inacceptable et très révélateur que, alors qu'une loi existe pour protéger les superficies de terres agricoles du Québec, rien ne protège l'intégrité des sols ni ne permet de les reconnaître comme ressources au même titre que l'eau. En quelques décennies, ce manque de considération quant à l'importance de l'eau et du sol a mené à des impacts déplorables en milieu agricole. La perception que l'on se fait de l'agriculture en a pris un coup et, il faut l'avouer, avec raison dans bien des cas. Avec l'agriculture productiviste, l'agriculteur est passé de producteur d'aliments à pollueur. Cet épisode du produire plus sans être conscient des impacts à long terme sur l'environnement est une parenthèse qu'il faut clore définitivement.

C'est à partir de ces deux éléments, l'eau et le sol, que nous devrions juger du bien-fondé d'une agriculture. Nous rêvons d'une politique agricole qui les prendrait comme prémices pour concevoir nos programmes de soutien à l'agriculture. L'expérience des frères Dewavrin et de Jocelyn Michon prouve qu'il est possible de produire plus et mieux de façon rentable. C'est même plus payant ! Comme l'exprime Richard Lauzier, nous pensons que nous devrions payer les biens et les services environnementaux que produisent les agriculteurs plutôt que de les soutenir pour produire plus selon des normes minimales et insuffisantes pour assurer la pérennité de nos ressources. Si l'on compromet la qualité de notre eau et de nos sols, comment notre agriculture réussira-t-elle à se démarquer et à durer? Il est possible et même impérieux que l'agriculteur passe de pollueur à protecteur et conservateur de l'environnement, ce que certains sont déjà. Ceux qui pratiquent ces agricultures plus branchées sur la nature, et ils sont plus nombreux qu'on le croit, l'ont peut-être fait au départ pour des raisons idéologiques, mais le temps démontre que l'équation économique tient aussi la route. Cultiver vert, c'est payant, autant pour les agriculteurs que pour la société. Comme contribuables, nos investissements en agriculture doivent se faire dans le but de soutenir des agricultures qui protègent l'eau et le sol.

La diversification des productions fait partie des nouvelles voies qu'emprunte l'agriculture du Québec pour s'adapter aux nouvelles conditions du marché. Une grande partie des gens que cet ouvrage présente ont mis au point de nouveaux produits. Ceux qui suivent, en particulier, élargissent le spectre de ce que l'on considérait jadis comme de la production agricole. Cette envergure nouvelle est suscitée par les consommateurs qui demandent de plus en plus de produits de qualité, en particulier ceux qui vont les aider à conserver leur santé.

ISABELLE DUPRAS ET JEAN DAAS : AU SERVICE DE L'ENVIRONNEMENT, DU MIEUX-ÊTRE ET DE LA BIODIVERSITÉ

Isabelle Dupras et Jean Daas redéfinissent le rôle de l'horticulture dans la société d'aujourd'hui. Les végétaux sont au service de l'environnement et du mieux-être des populations urbaines et agricoles.

Isabelle Dupras et Jean Daas
Horticulture Indigo
Ulverton
Production de plantes indigènes du Québec. Plus de 250 espèces végétales sont produites et commercialisées dans le respect du milieu naturel.

En 1993, alors qu'elle terminait son baccalauréat à l'Université de Montréal, Isabelle Dupras a été attirée par un livre qui trônait sur un présentoir de la coopérative étudiante : *Flore laurentienne* du frère Marie-Victorin. Qu'est-ce qui l'a poussée à acheter cet ouvrage dont il n'avait jamais été question pendant ses trois années d'études en architecture de paysage ? On ne le saura jamais, mais on peut affirmer aujourd'hui que la *Flore laurentienne* constitue les cellules souches d'Horticulture Indigo, une entreprise qu'elle a fondée avec son partenaire Jean Daas, lui aussi spécialiste de l'aménagement paysager. Horticulture Indigo est une référence en matière de culture de plantes indigènes. Isabelle Dupras et Jean Daas contribuent à pousser l'horticulture dite ornementale vers sa vraie nature : celle de servir l'environnement, le mieux-être et la biodiversité. Le tandem Dupras-Daas ouvre une porte sur un pan complet de l'agriculture dont on mesure à peine la portée. On est loin des pots fleuris ou de la plate-bande de vivaces...

« D'emblée, le terme " ornemental " pour parler de l'horticulture nous dérange. Ne considérer ces plantes que pour leur valeur décorative est très réducteur. Elles jouent un rôle de premier plan dans la conservation et l'amélioration de la qualité de l'eau, la protection contre l'érosion des sols, la réduction des îlots de chaleur ; elles favorisent la biodiversité et quoi encore... » Dix-huit ans après l'acquisition d'un petit lopin de terre à Ulverton dans les Cantons de l'Est, voilà où en sont ces deux diplômés du paysage.

UNE LENTE GERMINATION DES IDÉES

Les plantes indigènes ont fait leur place dans la vie d'Isabelle et de Jean comme elles le font dans la nature : chaque chose est venue en son temps. Au cours de leurs études, tous deux ont travaillé en Belgique à un projet de protection des végétaux indigènes. « Là-bas, les grands espaces sauvages et naturels sont rares. Nous aidions donc les gens à identifier et à mettre en valeur, sur leur propriété, les plantes faisant partie du patrimoine

«Aucune plante indigène n'est retirée de son milieu naturel. Nous récoltons leurs semences et les reproduisons dans nos serres et notre pépinière.»

floral indigène. Je trouvais que ces plantes donnaient une raison d'être aux aménagements privés. Je crois que c'est là qu'on a mis le doigt sur le fait que l'horticulture devait aller au-delà du paraître. Elle devait avoir un sens.» Est-ce parce qu'on les retrouve couramment dans les fossés, les terrains inondés, les champs non cultivés, ou est-ce en raison de leur beauté discrète qu'on tient souvent ces plantes pour acquises ici? Aux yeux de Jean, leur valeur était tout autre. «Les plantes indigènes du Québec, on les cultive en Belgique. La verge d'or, par exemple, on la retrouve en pépinière.»

L'émergence, notamment en Californie, d'aménagements faisant appel à des plantes tolérantes à la sécheresse afin de minimiser l'utilisation de l'eau potable a aussi influencé la démarche d'Isabelle. Les végétaux utilisés là-bas sont adaptés aux conditions qui y prévalent. «Ces aménagements ont un cachet local. Pour moi, l'idée de protéger les arbustes l'hiver, de replanter des rosiers qui ne sont pas rustiques, de recommencer en neuf chaque printemps avec des annuelles, ça ne m'intéressait pas. Ça donne des aménagements qui n'ont pas de lien identitaire avec ce que nous sommes.» Un autre événement s'est ajouté au cheminement d'Isabelle. On lui avait proposé, comme emploi d'été, de planifier un aménagement de plantes indigènes pour le pénitencier fédéral de Drummondville. «J'ai trouvé ce projet très intéressant, mais il m'a fait réaliser que l'approvisionnement en plantes indigènes était vraiment très limité au Québec.»

Tous ces éléments mis ensemble et le goût de lancer leur propre entreprise ont été leur inspiration. La mission qu'ils se sont donnée et qu'ils poursuivent encore aujourd'hui: production, promotion, protection. En 1993, ils faisaient l'acquisition d'un petit lot, une fesse, comme ils disent. «Il y avait une maison sur une butte dépourvue de végétation et un chenil désaffecté. Tout était à faire.» Aujourd'hui, c'est une ruche où l'on récolte, conditionne et multiplie 300 espèces de plantes indigènes.

Chez Indigo, aucune plante indigène n'est prélevée directement dans la forêt. Les graines sont récoltées *in situ*, puis acheminées vers Ulverton. Chacune des espèces cultivées a livré le secret de sa germination au prix de beaucoup d'essais et de patience. C'est un travail titanesque. Jean, l'homme de terrain, intuitif, observateur, a le doigté pour résoudre ces énigmes. Il voit à la production dans son ensemble. «Il s'écoule parfois des années avant que la semence donne une plante prête pour le marché.» Isabelle, rationnelle, organisée, est à l'affût des besoins des clients parfois même avant qu'ils le sachent eux-mêmes. Elle s'occupe de la gestion et de l'administration. C'est ainsi qu'ils ont construit une mine d'informations techniques soigneusement compilées dans une banque de données exhaustives. Ils naviguent donc entre la botanique, l'agronomie et l'environnement, dans un créneau du marché peu fréquenté, qu'ils ont élaboré de A à Z.

Une équipe impressionnante par ses compétences multiples et complémentaires est réunie sous un même toit de tôle à Ulverton : biologiste, agronome, horticulteurs, techniciens : huit professionnels et quatre travailleurs en haute saison. Tout est à distance de marche, pour ne pas dire à portée de main. La maison familiale, le petit bâtiment qui abrite ordinateurs, équipement et chambre d'entreposage, les serres de propagation et de culture, tout cela forme un tout qu'ils ont aménagé avec l'aide de la nature. C'est un environnement de vie et de travail harmonieux et sobre et, comme pour les produits qu'ils commercialisent, le souci de l'esthétique est présent. « Dès le départ, nous avons fait appel à des professionnels pour créer une image de qualité pour nos produits. On voulait les mettre bien en valeur. » Les catalogues, le site Internet, les fiches d'information, l'emblème de la compagnie, rien n'est laissé au hasard. Derrière cette image soignée, leur clé de sélection en est un exemple éloquent. Un outil pratique pour aider à la sélection des plantes indigènes adaptées à chaque contexte de culture. Autant de réalisations qui demandent temps et argent, mais qui confirment leur place dans le créneau des produits spécialisés à haute valeur ajoutée. Certaines semences et certains mélanges d'Horticulture Indigo coûtent plus de 1 000 $ le kilo. Derrière ces prix, il y a le temps, les connaissances, la recherche et le développement.

UNE CROISSANCE EN SAGESSE

Au milieu des années 1990, le jardinage était en plein essor, l'horticulture ornementale était en croissance : plate-bandes de vivaces, clématites, rosiers canadiens, graminées ornementales, annuelles aux couleurs flamboyantes. C'est dans cette mouvance qu'Isabelle et Jean ont monté leur premier catalogue pour offrir leurs produits indigènes aux jardineries. « On était à contre-courant. Ça n'a pas été facile. On nous disait qu'on vendait des fardoches, que ceux qui aimaient ça n'avaient qu'à aller chercher ces plantes directement dans le bois. On a laissé des quantités de plantes en consignation chez des marchands afin d'encourager les gens à acheter. On a fait beaucoup de sensibilisation et d'éducation, on s'est présentés tout de suite comme étant contre le prélèvement en pleine nature et on a créé un logo pour annoncer cette approche sur nos produits. Une bonne carte de visite auprès de la clientèle et des médias qui ont toujours été intéressés par ce qu'on fait. »

Lentement, des portes se sont ouvertes. « Au début des années 2000, une grande surface nous a demandé de produire des ensembles de plantes indigènes. » Un contrat lucratif qui leur a permis de bien se structurer, d'engager les personnes qualifiées qui, encore aujourd'hui, font partie de l'équipe. Cette percée sur le marché de masse leur a confirmé qu'il y avait une demande pour leurs produits, particulièrement dans les secteurs anglophones : l'ouest de Montréal, l'Ontario, les Maritimes. « Les anglophones sont déjà sensibilisés au *wild garden.* » Faire des affaires avec les gros joueurs a cependant un revers. Le contrat a pris fin après quelques années, retranchant 50 % de leur chiffre d'affaires. Un coup dur qu'Isabelle, qui a la résilience des plantes indigènes, a considéré plutôt comme l'occasion de s'investir avec plus d'énergie dans le développement de leur clientèle de professionnels de l'architecture, de la biologie et de l'environnement. Les besoins de ces secteurs sont multiples, et elle aime le défi d'y répondre. « J'observe les plantes dans leur habitat, je regarde leur port, leur floraison, leur texture, leurs conditions de vie, et je cherche comment elles peuvent combler un besoin particulier. Ça peut être pour végétaliser les abords d'une autoroute, implanter des bandes riveraines, des bassins filtrants pour recueillir des eaux de pluie, contrôler la prolifération de l'herbe à poux... » De multiples fonctions bénéfiques que nous offrent des plantes que l'on ne considérait qu'à des fins esthétiques.

Assez rapidement, la demande s'est fait sentir pour obtenir des semences plutôt que des plants en pots. Un signal du marché qui a fait craindre que le développement de ce créneau nuise à celui de la production de plants en pots. « Au début, on se demandait ce qui arriverait avec toute l'expertise qu'on avait développée dans la culture des plantes indigènes. On a constaté qu'il s'agissait de deux segments différents du marché et qu'ils se complétaient bien. Les jardineries, les paysagistes et les grandes surfaces demandent des plants en pots pour les jardins privés alors que les projets municipaux ou commerciaux de plus grande envergure ont plutôt besoin de semences. » Ce virage vers la production de semences les a par la suite conduits vers une autre réalisation qui relève non seulement de la science, mais aussi de l'art : les mélanges de semences.

À CHAQUE ENVIRONNEMENT SON MÉLANGE

Il y a quelques années, les mélanges de semences pour prés fleuris ont connu un certain engouement. Malheureusement, les produits qu'on a offerts aux amateurs de jardins ont été décevants. Remonter la pente après cette première mauvaise impression et reconquérir le marché n'étaient pas faciles, mais Isabelle y croyait. Elle s'est outillée afin de relancer des semences vendues en mélange. « Je suis allée parfaire mes connaissances au Wisconsin auprès d'un pionnier dans le domaine. Neil Diboll est une sommité en ce qui concerne les plants indigènes et l'art de les mélanger pour un faire un tout heureux et, surtout, durable. » C'est ainsi qu'Indigo a enrichi sa gamme de produits en offrant des collections aux noms évocateurs : *Vie de chalet*, *Jardin de papillons*, *L'apothicaire*, et ainsi de suite. Au total, 21 mélanges ont été méticuleusement conçus pour s'adapter à différents milieux de vie et enrichir la biodiversité qu'on y trouve.

« Ce grand spécialiste qu'est Neil Diboll a été généreux de son temps et de son savoir. Dans notre domaine, la concurrence n'a pas la même portée. Les plantes indigènes sont destinées à un marché local. L'importation et l'exportation sont très limitées, par la force des choses. Le climat circonscrit donc la concurrence et ouvre aux échanges de connaissances. » Encore aujourd'hui, Isabelle demeure en contact avec ce grand spécialiste américain. C'est ce qu'elle appelle « une clé dans son trousseau ». Il y en a plusieurs autres.

FLORAQUEBECA : LES PASSIONNÉS DES PLANTES INDIGÈNES

Isabelle et Jean font aussi partie des membres fondateurs de FloraQuebeca, une association sans but lucratif vouée à la connaissance, à la promotion et surtout à la protection de la flore et des paysages végétaux du Québec. Il s'agit de botanistes, d'horticulteurs, de professionnels et d'amateurs, que la passion pour les plantes indigènes réunit depuis 1996. « Tous des gens dévoués qui ont à cœur la protection de ces plantes et qui sont à même de nous donner un coup de main pour localiser une espèce, nous informer du stade de croissance, récolter des fleurs au moment opportun. Nous avons beaucoup bénéficié de ce regroupement. » Ils alimentent eux aussi ce réseau de par leur expertise, mais aussi par le biais de leur blogue, Les indigents, destiné aux gens qui aiment les plantes indigènes. C'est une mine d'informations techniques, de photos, de conseils, qui fait aussi office de vigile puisque le blogue signale les nouveautés, les découvertes. En fait, Horticulture Indigo est aussi forte des produits de qualité qu'elle commercialise que de ses connaissances.

UN RETOUR AUX SOURCES

La *Flore laurentienne* du frère Marie-Victorin aura été une référence et une source d'inspiration tout au long du parcours d'Isabelle Dupras et de Jean Daas. « J'ai encore l'édition que j'ai achetée à la fin de mon baccalauréat. Nous en avons acheté plusieurs autres exemplaires par la suite. C'est un outil de référence pour notre entreprise. » À l'occasion du 75e anniversaire de cet ouvrage culte, en 2010, Horticulture Indigo a lancé un produit inédit : les semences Marie-Victorin. « Il n'existait pas de produit du genre : des semences du Québec en sachet pour les jardiniers amateurs de semences patrimoniales. » Un témoignage de l'importance de la flore laurentienne, mais aussi un projet de développement durable. Présentation soignée, emballage écologique, travail de réinsertion pour personnes déficientes intellectuelles. C'est une belle façon de rendre hommage à celui qui les a accompagnés tout au long du développement de leur entreprise.

Lorsqu'elle se rappelle sa première *Flore Laurentienne*, Isabelle ne peut faire autrement que constater que les semences Marie-Victorin viennent boucler la boucle, mais il ne s'agit pas d'une finale. Les végétaux adaptés aux toitures vertes les stimulent beaucoup. « C'est un tout petit marché, à peine cinq pour cent de notre chiffre d'affaires pour le moment, mais c'en est un d'avenir. Nous développons maintenant nos connaissances dans ce domaine depuis déjà quelques années afin de pouvoir répondre à la demande avec les plantes les mieux adaptées qui soient. Il faut se rendre jusqu'au Nunavut pour dénicher les meilleurs végétaux pour ces conditions très particulières. » Des voyages d'exploration qui relèvent autant du plaisir que du travail. Isabelle Dupras et Jean Daas apprécient le moment présent, mais gardent toujours le lendemain à l'esprit.

ANICET DESROCHERS ET ANNE-VIRGINIE SCHMIDT : APICULTEURS ET LOYAUX CHEVALIERS DE LEURS REINES

Une vision guide leur ouvrage quotidien dans la production de miel et l'élevage de reines : l'apiculture est un travail de collaboration mutuelle entre un homme et un insecte, qui s'établit dans un grand respect. Anicet Desrochers et Anne-Virginie Schmidt font ce qu'ils appellent de l'« apiculture écoresponsable ».

Anicet Desrochers et
Anne-Virginie Schmidt
Api-Culture Hautes Laurentides
Ferme-Neuve
Production de miel
et élevage de reines abeilles.

Anicet Desrochers dit qu'il est né dans une ruche. On serait porté à croire que c'est effectivement le cas. Il est vif, travaille sans relâche, navigue d'un sujet à l'autre avec aisance et revient fidèlement à sa base : l'interdépendance entre l'agriculture, l'abeille, et l'humanité. Anicet Desrochers pratique un métier méconnu, rare. Pourtant, la majeure partie de notre agriculture repose sur des gens comme lui. Il est apiculteur et produit donc du miel, mais il est aussi éleveur de reines. On compte sur les doigts d'une main le nombre d'éleveurs de reines abeilles au Canada.

Auprès des consommateurs et des chefs, ses miels certifiés biologiques sont reconnus pour leur raffinement. Au gré des saisons et des floraisons, ses abeilles butinent dans un environnement exempt de pesticides et d'organismes génétiquement modifiés. L'extraction du miel se fait à froid, ce qui préserve les propriétés médicinales et cicatrisantes de cet édulcorant naturel. Cependant, ce n'est là qu'un des aspects qui fait que l'abeille est une passion pour Anicet. Peu de gens, même au sein de la communauté agricole, reconnaissent à l'abeille son rôle déterminant dans le processus de sélection génétique naturelle. Elle transmet les pollens d'une fleur à l'autre, contribuant ainsi à faire ressortir les meilleurs sujets. Le bagage génétique contenu dans le pollen des plantes les plus hâtives, les plus résistantes au froid, à la sécheresse, aux maladies est méticuleusement distribué sur le territoire que couvre l'abeille. On oublie aussi que, de tous les insectes, l'abeille est de loin le pollinisateur le plus efficace. Sans abeille, pas de fruit. « L'abeille est si petite, si discrète que nous avons oublié à quel point nous dépendons d'elle. Sans elle, notre monde ne serait pas le même », nous rappelle Anicet. Albert Einstein disait d'ailleurs : « Si l'abeille venait à disparaître de la surface du globe, l'homme n'aurait plus que cinq années à vivre. »

En 1978, les parents d'Anicet sont venus s'établir à Ferme-Neuve dans les Hautes-Laurentides. Ils cherchaient un mode de vie plus sain pour leur famille et un lieu où mettre sur pied une petite entreprise biologique et écologique. Une expérience de retour à la terre qui peut faire sourire, mais, quand on voit où en est rendue la deuxième génération de Desrochers, ces gens étaient de toute évidence visionnaires. Aujourd'hui, Api-Culture Hautes Laurentides est une plateforme où l'on produit des miels de renom aux saveurs délicates, mais c'est aussi et surtout un haut lieu de création de reines abeilles dont l'objectif ultime est de revigorer les ruchers canadiens. Une mission ambitieuse dans laquelle Anicet et sa conjointe Anne-Virginie Schmidt s'investissent avec cœur depuis 14 ans.

DU MIEL À L'ÉLEVAGE DE REINES

Du plus loin qu'il se souvienne, Anicet a toujours vu ses parents travailler très fort. « Mes parents avaient 300 ruches. Le travail était toujours présent dans notre vie. Je me rappelle des dimanches soirs passés à coller des étiquettes sur les pots en regardant la télé. Pour moi, le travail est une valeur, ça fait partie de l'accomplissement de soi. On travaille tous beaucoup, mais on trouve une satisfaction dans tout ce qu'on fait. » Ce n'est pas tant la somme de travail que représente le métier d'apiculteur que les motivations à choisir cette vocation qui ont fait hésiter Anicet avant de reprendre le flambeau de ses parents. Il est allé voir ailleurs pour mieux se retrouver. « J'ai étudié l'ethnologie, l'anthropologie, j'ai voyagé avant de trouver ma voie. » C'est lors d'un stage d'étude à l'île de La Réunion que le déclic a eu lieu. Il y a fait la rencontre d'apiculteurs africains. À l'autre bout du monde, ces producteurs de miel de litchis étaient préoccupés, comme lui et comme tous les autres apiculteurs de la planète, du sort des abeilles.

Ils ont bien raison de s'inquiéter. Environ 40 % des aliments que nous consommons sont produits par la pollinisation des insectes, et l'abeille est le principal pollinisateur. L'importance du rôle de l'abeille dans notre alimentation dépasse largement la simple production de miel. C'est l'indicateur de la qualité de notre environnement. L'abeille est à l'humanité ce que le canari était jadis pour les mineurs, une sorte de sentinelle. Des milliers de colonies d'abeilles s'effondrent. Les abeilles se meurent, et celles qui survivent ne sont pas en santé. Le signal est pourtant clair, et on ne peut pas y être indifférent.

Une prise de conscience s'est donc produite, et des possibilités se sont présentées à Anicet lors de cette rencontre africaine. Il a senti que Ferme-Neuve pouvait faire partie intégrante d'un vaste réseau de sauvetage des abeilles. Il voulait contribuer à la solution. « Le pollinisateur par excellence est menacé de toutes parts et de nulle part en même temps. Le problème est multifactoriel, mais le résultat demeure implacable : toutes les abeilles du monde sont en danger. L'activité humaine est devenue l'ennemie numéro un d'un insecte dont nous dépendons pour notre survie. »

À Ferme-Neuve comme partout ailleurs dans le monde, la survie des abeilles est menacée. Une situation qui a des impacts directs sur l'ensemble de l'agriculture.

Anicet Desrochers est allé parfaire ses connaissances d'autodidacte à l'Université Simon Fraser en Colombie-Britannique, où il a étudié la biologie de l'abeille, puis a travaillé aux côtés de grands apiculteurs de la Californie. Imprégné de toutes ses connaissances, il a commencé sa quête pour des reines naturellement rustiques, robustes, résilientes, capables de faire face à ce qui constitue sans doute le plus grand défi de leur histoire millénaire : survivre aux dommages collatéraux de l'industrialisation de l'agriculture et de la modernisation. Ferme-Neuve était l'endroit parfait pour arriver à cette fin.

FERME-NEUVE ET LES HAUTES-LAURENTIDES : UNE ENCLAVE NATURELLE ET PROTÉGÉE PAR SES AGRICULTEURS

En raison de sa topographie vallonnée, de ses sols rocheux, de son climat frais, Ferme-Neuve a conservé un côté sauvage qui sert bien la cause d'Anicet. L'environnement ici est respectueux de l'abeille. La flore est comparable à celle d'il y a 50 à 100 ans. Le terroir assure une alimentation diversifiée aux abeilles, ainsi que des miels aux goûts différents selon les saisons et les floraisons. « C'est un beau mélange d'agriculture et d'agroforesterie. » Il y a des fleurs à profusion, des boisés, des agriculteurs qui cultivent des plantes mellifères comme le sarrasin. Pas de pesticides, pas d'OGM, bien qu'il s'en soit fallu de peu pour que tout bascule. Des représentants de la compagnie Monsanto avaient pressenti l'endroit comme le lieu idéal pour la production de semences de canola génétiquement modifié. « Ça aurait été la fin pour nous, comme producteurs de miel biologique et comme éleveurs de reines aussi, car la biodiversité que nous recherchons aurait été remplacée par des monocultures de plantes OGM. » Avec l'aide du ministère de l'Agriculture du Québec, Anicet Desrochers a gagné le combat contre le géant, en convainquant les producteurs sollicités par Monsanto de faire marche arrière et de se tourner plutôt vers la culture biologique pour maintenir le caractère naturel et sauvage de l'endroit. Tout un revirement ! « Les poches de semences transgéniques étaient déjà rendues à la coopérative agricole, les producteurs s'apprêtaient à en prendre possession. Ils ont rebroussé chemin et sont passés au bio. On a eu chaud, il était minuit moins une. » Aujourd'hui, ces mêmes agriculteurs font partie d'un regroupement de producteurs bios et mettent en commun leur récolte de blé panifiable, de soya, de sarrasin et d'avoine, assurant ainsi un approvisionnement intéressant à leurs acheteurs. Les

Hautes-Laurentides disposent maintenant de la plus grande surface cultivée en grains bios au Québec. Une distinction qui vaut son pesant d'or pour eux et pour Api-Culture Hautes Laurentides. « Nous sommes entourés soit de nature sauvage, soit d'agriculture bio. C'est une belle victoire, et c'est aussi une satisfaction d'avoir développé des valeurs collectives dans notre patelin. »

PLUSIEURS COMBATS SUR PLUSIEURS FRONTS

Anicet vend ses reines aux apiculteurs commerciaux, c'est-à-dire ceux qui produisent le miel et qui louent leurs ruches à des fins de pollinisation commerciale. C'est un poste d'observation privilégié. « Je vois à quel point la population apicole est vulnérable. Mes clients apiculteurs me parlent de 25 %, 30 %, 50 % et plus de mortalité de leurs ruches. » Les changements climatiques sont en partie en cause, mais il y a bien plus. Les abeilles perdent leur capacité à lutter contre les parasites, les virus, les maladies. Le stress est omniprésent. On transporte les ruches sur des centaines de kilomètres pour polliniser des vergers, des cannebergières ou des bleuetières. Elles fréquentent des champs traités avec des produits de synthèse toxiques. On leur en demande trop. Certains producteurs agricoles font donc livrer des abeilles en vrac et en disposent une fois le travail terminé. Nous sommes à l'ère de la ruche jetable. « Quatre-vingt-dix pour cent de l'industrie apicole traitent les abeilles avec des acaricides, des antibiotiques, toutes sortes de molécules de synthèse... Les parasites et les maladies développent des résistances. » C'est ce cercle vicieux qu'Anicet cherche à briser. On ne réalise pas l'importance économique de l'abeille comme pollinisateur. L'alimentation humaine, sans abeille, est quasi inimaginable. La production de bien des fruits et légumes serait carrément compromise. Les prix des denrées alimentaires augmenteraient ; dans les pires scénarios, certains chercheurs parlent même de carences alimentaires et de famine. Notre sécurité alimentaire dépend en grande partie de ce petit insecte. « Ici, on ne les traite pas. Je veux qu'elles développent leur résistance de l'intérieur, avec leur génétique, contre les ennemis, les changements climatiques, le stress. Une abeille québécoise typique, robuste, voilà ce que je recherche. » Anicet et Anne-Virginie fournissent donc des reines aux apiculteurs de partout au Canada. Les reines quittent Ferme-Neuve dans des cagettes personnelles, chacune avec une suite de quelques abeilles aidantes. Elles sont expédiées aussi bien au Nouveau-Brunswick qu'en Colombie-Britannique... par courrier rapide. Le commerce des reines abeilles génère à peu près la moitié des revenus d'Api-Culture Hautes Laurentides. Le miel contribue au reste, mais, là non plus, la situation n'est pas facile.

LA FACE CACHÉE DU MIEL

Si ce n'était que du miel, Api-Culture Hautes Laurentides ne rentrerait pas dans ses frais. Pourtant, comme l'explique Anne-Virginie, leurs produits sont les chouchous des chefs et reçoivent une couverture de presse généreuse. Ces miels sont séparés selon les floraisons et les saisons. Beaucoup plus de travail, mais beaucoup plus de satisfaction aussi. On crée un réel produit du terroir, car un miel de trèfle ne goûte pas comme un miel de sarrasin, un miel de printemps ne goûte pas comme un miel d'automne. Un travail admirable dont la valeur ne se reflète pas en épicerie. « Le miel que je vends 3,25 $ ici se retrouve à 7 $ à l'épicerie. La structure de distribution dans les grandes chaînes nous désavantage. » Comme bien des petits transformateurs, Anicet et Anne-Virginie ne trouvent pas leur compte dans les grandes surfaces, tant et si bien qu'à côté des produits importés, de qualité moindre mais à petit prix, le consommateur n'hésite pas longtemps. Comme comptable, gestionnaire, responsable de la mise en marché de l'entreprise, Anne-Virginie dresse aussi un triste constat de nos valeurs comme consommateur. « En Europe, on entretient une relation fidèle avec son apiculteur. Le miel est considéré comme un produit noble et on en paie le prix. Ici, ce n'est pas comme ça. Le miel est un édulcorant parmi d'autres. L'apiculteur européen peut vivre décemment avec 200 ruches. Ici, en bas de 500 ruches, c'est impensable d'arriver. Comment peut-on s'être à ce point éloignés de la valeur réelle du produit et du rôle de l'abeille ? L'État soutient très peu

Anne-Virginie Schmidt et Anicet Desrochers de Ferme-Neuve échangent avec des apiculteurs et des chercheurs du monde entier et les reines qu'ils élèvent dans un environnement exempt de produits de synthèse sont vendues partout à travers le pays.

ce secteur de l'agriculture. » « Certains agriculteurs perdaient de 25 % à 30 % de leur population d'abeilles. Imaginez si un tel fléau affligeait les vaches ou les porcs. On crierait au drame, et avec raison. Mais pour les abeilles, ça ne s'applique pas », remarque Anicet.

L'AVENIR DE L'APICULTURE, REFLET DE L'AGRICULTURE

Anicet et Anne-Virginie remarquent aussi des changements dans la clientèle acheteuse de reines. Des changements qui font réfléchir à l'avenir de l'apiculture. « Ceux qui font un métier de l'apiculture sont de moins en moins nombreux. La communauté des apiculteurs de métier est vieillissante. La relève n'est pas là. Trop de travail, trop difficile, pas assez payant. On vend de plus en plus de bébés ruches à des apiculteurs de loisirs, issus du milieu urbain aussi. » Bien sûr, l'apiculture urbaine est un phénomène intéressant et il ne faut pas négliger son apport, mais il faut vraiment s'interroger sur l'avenir de l'apiculture comme métier à part entière. « Peut-on compter sur l'apiculture urbaine pour polliniser l'ensemble de l'agriculture du Québec ? Je suis inquiet », avoue Anicet. L'apiculture est sans école, sans spécialiste ou si peu, sans structure et, pourtant, c'est le fondement de l'agriculture et de notre alimentation. Il y a là matière à réflexion.

Anicet et Anne-Virginie demeurent réalistes devant tous ces questionnements et poursuivent leur mission un jour à la fois. Ils ne sont pas infaillibles. De ruche en ruche, ils choisissent les meilleurs sujets reproducteurs qui deviendront les meilleures reines. Comme chez d'autres apiculteurs, leurs ruchers ont aussi connu des pertes douloureuses, 25 % de mortalité, qu'ils associent directement aux grands écarts de température de l'hiver précédant. L'hiver prochain apportera peut-être un répit à tous, abeilles et apiculteurs. Anicet partira à la rencontre de ses collègues apiculteurs du monde pour se ressourcer et échanger des connaissances. Une collectivité œuvrant dans l'ombre, à l'image des abeilles, en espérant le mieux pour la planète.

FABIEN GIRARD ET LA COOPÉRATIVE FORESTIÈRE DE GIRARDVILLE:
UN NOUVEAU DYNAMISME AGROFORESTIER

Fabien Girard et sa Coopérative forestière de Girardville associent biologie et foresterie pour mettre en valeur les plantes sauvages et indigènes de la forêt boréale. Ils ouvrent une nouvelle voie à la filière forestière et à l'agriculture de cette région.

Fabien Girard
Coopérative forestière de Girardville
Aménagement, approvisionnement, recherche et développement des ressources forestières.

Le trajet qui mène à Girardville est long, mais en vaut la peine. Il nous rappelle à quel point les plaines du Lac-Saint-Jean sont luxuriantes et généreuses, malgré la rigueur de l'hiver. Juste avant d'arriver à Girardville, à la sortie d'Albanel, pays de la gourgane, on voit un champ de maïs. Cette plante d'origine tropicale, fleuron de l'agriculture moderne, a réussi à se faire une place dans ce territoire nordique où culture et élevage alternent avec forêt. Le biologiste Fabien Girard y voit la preuve que l'on s'est grandement déconnectés de notre environnement proche. «Ces végétaux que l'on cultive de plus en plus loin vers le nord, ils nous viennent d'ailleurs, parfois des pays tropicaux, alors qu'on a sous notre nez, dans la forêt boréale, une richesse végétale incroyable qui ne demande qu'à être valorisée.» Sous la marque d'Origina, la Coopérative forestière de Girardville propose une gamme de condiments et de cosmétiques issus de nos forêts.

LA FORÊT DISTILLÉE

Les millions d'hectares de forêt boréale sont composés d'épinettes, de sapins, de mélèzes, de trembles et de bouleaux, mais aussi d'une variété généreuse de plantes dont le potentiel n'est que très peu exploité. C'est cette richesse qui est en partie étalée sur le bureau de Fabien Girard. Il exhibe avec fierté des dizaines de petites fioles contenant des essences d'épinette, de bouleau baumier « qui sent le printemps », de thé des bois, de bardane, de céleri sauvage, d'épilobe, obtenues par distillation. Elles sont aromatiques, anti-inflammatoires, calmantes, stimulantes. Plusieurs autres peuvent être utilisées comme condiments. « Pour moi, c'est tout ça, l'avenir de la forêt boréale. »

Fabien Girard n'a que 36 ans, mais ce mélange de sagesse et d'énergie qui le caractérise se construit depuis très longtemps. Très tôt, ses parents ont détecté chez lui une curiosité et un intérêt marqué pour la nature et les plantes indigènes. Une pelle et les guides Fleurbec qu'ils lui ont offerts en cadeau ont fait germer ce qui est devenu pour lui une vocation. « Les plantes sauvages ont donné un sens à ma vie. » La passion qu'il a pour ces végétaux, Fabien Girard l'a mise au service d'une grande mission que s'est donnée la Coopérative forestière de Girardville : contribuer à redynamiser l'industrie forestière vitale à la région, quitte à sortir des sentiers battus.

Avec ses culottes courtes et sa casquette style gavroche, le moins que l'on puisse dire, c'est que ce biologiste ne passe pas inaperçu dans le monde de l'exploitation forestière. La Coopérative de Girardville l'a recruté il y a quelques années pour explorer des aspects méconnus de la forêt boréale. Il ne regarde pas la forêt avec les mêmes lunettes qu'un forestier traditionnel. Plutôt que des *deux-par-quatre*, Fabien Girard y voit des produits de très grande valeur pour la gastronomie, la santé et l'esthétique.

Ce que plusieurs considèrent encore aujourd'hui comme marginal, pour ne pas dire farfelu, constitue peut-être une planche de salut pour ce secteur en crise. C'est ce que croit depuis longtemps le directeur de la Coopérative forestière de Girardville, Jérôme Simard. La coopérative regroupe 174 membres travailleurs : reboiseurs, débroussailleurs, opérateurs de machinerie, contremaîtres, personnel administratif. Ce sont des gens du coin qui ont adhéré à la formule coopérative en 1979 dans le but d'assurer leur emploi dans un secteur hautement menacé par les crises qui se succèdent depuis des années et encore aujourd'hui. La coopération est solidement ancrée dans les valeurs de cette région, et ce, depuis des générations. « Une coopérative, ça ne quitte pas une région, ça ne peut pas être vendu à des intérêts étrangers. On est là pour rester et, par le fait même, pour protéger la ressource qui nous fait vivre. La coopérative est indissociable de son milieu... pourvu que ses membres y croient. » Pour les membres de la Coopérative forestière de Girardville, il est devenu naturel que la foresterie ne se pratique plus sur la seule et unique base de l'exploitation de la matière ligneuse. « La matière non ligneuse, tous ces végétaux de la forêt, ajoutent de la valeur à chaque hectare de forêt », soutient Jérôme Simard. « Valeur ajoutée » : voilà deux mots chers à l'homme.

DES CHEFS DE FILE DE LA FORÊT CULTIVÉE

« Notre vision d'entreprise, ça a toujours été d'être un chef de file dans nos activités traditionnelles : récolte, reboisement, repeuplement. Mais nous ne sommes pas dupes, la crise qui perdure dans le domaine nous pousse à changer notre vision de la foresterie, sinon nous allons disparaître. Les prix ne reviendront jamais à ce qu'ils étaient dans le secteur forestier. Bien sûr qu'il faut être efficace pour rester en affaires, mais diminuer les coûts de production, ça a ses limites. On doit maintenant penser à des façons de générer plus de revenus avec les mêmes superficies. Nous voulons être des chefs de file de la valeur ajoutée au territoire forestier et valoriser des ressources de la forêt qui, historiquement, n'étaient pas utilisées. La cueillette de plantes, celles des aiguilles de conifères pour la fabrication d'huile essentielle, la création d'énergie à partir de la biomasse constituée des sous-produits de la récolte des arbres, chacune de ces activités nous aident à être plus rentables. Le même hectare de forêt génère ainsi plus de revenus. Indirectement, les travailleurs forestiers en tirent profit et restent en affaires. »

Cette vision est cohérente, mais il y a encore loin de la coupe aux lèvres. « Ça fait partie de notre rôle de faire évoluer notre monde. » Selon les valeurs de la Coopérative de Girardville, tous les maillons de la chaîne constituant l'exploitation de la forêt boréale, du cueilleur au commerçant, doivent bénéficier des retombées économiques. Pour que cela soit et que ce secteur prenne de l'expansion, il faut assurer un approvisionnement adéquat en quantité et en qualité. « Les plantes que l'on commercialise sont certifiées biologiques et doivent répondre aux critères d'Ecocert ainsi qu'aux exigences de Santé Canada. Il faut aussi assurer une traçabilité du produit du début à la fin du processus », explique Jérôme Simard. On s'assure ainsi de garder le contrôle sur le produit du début à la fin de sa création, de cerner la source d'un éventuel problème.

« Il s'agit de produits naturels, que l'on présente comme étant sains et bons pour la santé. Il n'y a pas de place à l'improvisation ; on travaille de façon professionnelle. »

Le secteur de la cueillette a littéralement été transformé pour répondre à ces attentes. Une vingtaine de cueilleurs approvisionnent la coopérative. Ils sillonnent les forêts de l'Abitibi, de la Gaspésie et du Saguenay–Lac-Saint-Jean du printemps à l'automne. Habitués de travailler en solitaire, ils forment maintenant une cohorte organisée, informée et qui voit au renouvellement de la ressource que constituent les plantes sauvages, facteur essentiel pour le biologiste Fabien Girard. « Tout le monde y trouve son compte. Le travail de cueilleur est passé de précaire à stable. Ces gens-là ont de très bonnes paies ! »

UNE NICHE... PLANÉTAIRE

Jérôme Simard considère les épices, les plantes médicinales et cosmétiques comme un marché de niche, un créneau très spécialisé, ce qui ne l'empêche pas de voir grand. « On est huit millions d'habitants au Québec. Ça ne représente pas un volume d'affaires suffisamment gros pour rentabiliser cette filière. À part quelques initiés, peu d'entre nous apprécient le goût de la monarde comme épice. » En Chine, c'est une tout autre affaire. « Il y a 1 300 000 000 habitants là-bas. La bergamote y est reconnue et recherchée. » Jérôme Simard sait de quoi il parle. La Coopérative en est à sa deuxième mission exploratoire en Asie, et un partenariat y est établi avec un spécialiste de la mise en marché. Les épices constitueront sans doute la clé pour ouvrir la porte de ce marché. Le potentiel est bel et bien réel, mais pose aussi un défi de taille. « Si on avait même moins de 1 % du marché chinois, on ne pourrait pas fournir les produits à des coûts raisonnables en misant strictement sur la cueillette en forêt. Il faudrait aller trop loin pour obtenir toute la matière première nécessaire. » Que ce soit à des fins culinaires, esthétiques ou médicinales, certains de ces végétaux forestiers, comme la monarde et le céleri sauvage, ont un potentiel tel qu'il faudra faire appel très rapidement à l'agriculture pour répondre à une demande croissante. « Il s'agit de revenus intéressants pour des productions intéressantes, à proximité de nos usines de transformation. Si tout fonctionne comme on pense, cela pourrait être magique », ajoute Jérôme Simard. C'est un changement de mentalités pour le secteur forestier, c'en est un aussi pour celui de l'agriculture.

L'AGRICULTEUR EN COMPLÉMENT DE LA FORÊT

« Même si nous sortons des sentiers traditionnels de la forêt, reste que fondamentalement nous demeurons des forestiers. Nous ne sommes pas des agriculteurs. Il faut donc que ces derniers embarquent dans le projet, qu'ils procèdent à des essais de culture de certaines de ces plantes à fort potentiel. En ce moment, ce sont quelques jeunes producteurs bios qui *trippent* ou des gens plus âgés qui cultivent la terre comme projet de retraite qui se sont montrés intéressés par notre vision de développement et qui testent des cultures pour nous, raconte Jérôme Simard. Le monde de l'agriculture dite conventionnelle demeure relativement fermé à l'idée de produire ces plantes et, si on ne comptait que sur eux, on ne verrait pas des champs rouges de monarde de sitôt dans le coin... à moins que les mentalités évoluent. On peut comprendre, il n'y a pas de soutien pour encourager les agriculteurs à délaisser des cultures plus conventionnelles. Changer, c'est courir un risque, et ça ne les intéresse pas. » Aussi étrange que cela puisse paraître, le manque de producteurs intéressés à se lancer dans ce projet constitue un frein à la relance de l'industrie forestière et au développement de la filière des plantes issues de la forêt boréale. Il s'agit pourtant d'une avenue particulièrement intéressante pour une région nordique comme le Lac-Saint-Jean. Plutôt que de tirer des revenus médiocres de la culture du foin, par exemple, une partie de l'agriculture pourrait se tourner vers ces cultures de haute valeur.

L'agriculture en région n'est pas forte et a grand besoin de renouveau. D'un côté, plusieurs terres sont abandonnées faute de trouver une vocation qui leur convient. De l'autre, un secteur, celui des produits à base de plantes sauvages, cherche à prendre de l'expansion. La nordicité de notre territoire favorise dans certains cas la concentration de principes actifs recherchés dans les plantes. De plus, cette image de pureté, de forêt et de grands espaces intacts est un atout pour la Coopérative de Girardville. En misant ne serait-ce que sur une ou deux plantes particulièrement prometteuses pour le marché international, cela pourrait faire toute la différence tant pour l'agriculture que pour l'industrie forestière. C'est ce sur quoi la Coopérative de Girardville veut tabler. Ces forestiers trouveront-ils un écho chez les agriculteurs ? L'occasion est trop belle. « On réalise qu'il faut sortir du traditionnel, il y a tellement plus dans la voie de la différence. »

Alors que tant de grandes corporations forestières ont quitté les régions, ce noyau de résistance bien enraciné dans la forêt boréale continue à se battre pour le maintien d'emplois de sa communauté. Leur meilleure arme pour faire face à la crise forestière est l'innovation. C'est ainsi qu'ils réinventent la forêt... et l'agriculture.

ANDRÉ NAULT: LA COMMUNICATION AU-DELÀ DE LA CONSOMMATION

En créant la formule des marchés de solidarité, André Nault stimule l'agriculture locale et renforce les liens entre citadins et agriculteurs tout en assurant un approvisionnement de qualité aux consommateurs.

André Nault
Marché de solidarité régionale
Les AmiEs de la Terre de l'Estrie

Pour répondre à la tendance de consommation locale, plusieurs nouveaux types de marché se mettent en place, mais André Nault n'a pas voulu répondre à une mode lorsqu'il a mis sur pied le premier marché de solidarité. Il répondait à un besoin personnel : bien s'alimenter pour conserver le plus longtemps sa santé après avoir reçu un diagnostic d'insuffisance rénale liée à des carences du système immunitaire. Il croyait répondre aussi à un besoin collectif et il en a eu la confirmation rapidement. En fait, André Nault a été amené à créer ce projet des AmiEs de la Terre de l'Estrie parce qu'il était persuadé qu'il y avait un lien entre la consommation d'OGM et la maladie dont il était atteint. Il voyait bien aussi que son engagement dans la lutte contre les OGM n'allait pas, à court terme, lui permettre d'améliorer son alimentation.

Il s'est donc mis à la recherche de producteurs agricoles de sa région qui avaient de l'intérêt pour le marché local : des producteurs bios, bien sûr, qui, par définition, garantissent des produits sans OGM, et d'autres qui, sans choisir l'accréditation bio, manifestaient de l'ouverture pour améliorer leurs pratiques agronomiques. Il s'est intéressé d'abord aux produits de base – légumes, viande, œufs, produits laitiers – et a regroupé 6 producteurs et 32 consommateurs qui sont tous devenus membres du Marché de solidarité régionale.

Le marché public comme nous le connaissons n'était pas la formule qui convenait à ces deux types de membres : elle oblige les producteurs à être présents longtemps à un kiosque de vente, ce qui accroît leur tâche, et à assumer des pertes de produits, ce qui se reflète sur les prix. Les paniers de l'agriculture soutenue par la communauté ne convenaient pas non plus : on souhaitait que les consommateurs puissent faire des choix qui correspondent à leurs besoins chaque semaine. Une formule s'est imposée : utiliser Internet pour commander à chaque producteur ce dont on a besoin lorsqu'on en a besoin.

À partir d'un site bien documenté, les adhérents du marché de solidarité – qui sont maintenant 5 000 et dont 1 000 sont des clients réguliers – peuvent choisir ce qu'ils voudront mettre dans leur panier le mercredi ou le jeudi suivant. Les producteurs reçoivent les commandes grâce à un logiciel conçu sur mesure pour les besoins du réseau et les préparent pour les livrer au marché le mercredi. Celui-ci est équipé des frigos et des moyens d'entreposage nécessaires et, lorsque les consommateurs se présentent, des bénévoles leur remettent ce qu'ils ont commandé et qui est consigné sous forme de bon de commande.

UNE FORMULE QUI NE FAIT QUE DES GAGNANTS

La formule est simple pour le producteur comme pour le consommateur. L'organisation suit de près le degré de satisfaction des membres, et tout écart de qualité recherchée est discuté avec les producteurs qui ont tout intérêt à faire les modifications nécessaires. En réalité, André Nault n'a ni à se plaindre des producteurs ni des consommateurs. Lorsque de l'insatisfaction est exprimée, le climat d'échange permet de trouver rapidement une solution. Les membres sont très fidèles. Il n'y a donc pas d'inventaire à maintenir. Pas de pertes non plus. Les achats sont payés sur place. Les producteurs peuvent donc être payés rapidement. Étant donné que la plus grande partie du travail se fait par bénévolat, les consommateurs paient de très bons produits à des prix très raisonnables tout en soutenant l'économie régionale.

Les membres ont maintenant un choix de près de 1 500 produits, car les 50 membres producteurs innovent constamment. André Nault n'a plus vraiment besoin de courir les campagnes pour les dénicher : ils viennent d'eux-mêmes offrir leurs produits. Cependant, tant qu'un producteur est fidèle à la qualité promise, le Marché de solidarité lui est fidèle. On ne veut pas créer de compétition inutile et on souhaite éviter la multiplication de petites livraisons coûteuses. Si un nouveau producteur s'amène pour offrir le même produit qu'un producteur déjà membre, on lui suggère un autre marché semblable.

Car, maintenant, il y a au Québec 16 Marchés de solidarité utilisant le logiciel conçu au départ pour le marché des AmiEs de la Terre de l'Estrie et qui a été amélioré au fil du temps. Ces différentes organisations se réunissent trois fois par an, mais aucune structure ne les chapeaute. André Nault est disponible pour donner des conseils lorsqu'on lui en demande, mais considère que chacun doit développer son projet pour répondre aux besoins de sa région. Il y a cependant quatre exigences pour faire partie du réseau : qu'il y ait implication citoyenne, que l'on offre des produits locaux, des produits sans OGM et enfin que le marché soit développé par Les AmiEs de la Terre de l'endroit.

En Estrie, les ententes avec les producteurs se concluent par une poignée de main. Personne n'a de contrat. « On recherche des gens qui sont ouverts, qui veulent améliorer leurs pratiques et qui seront fiers de nous apporter leurs produits. On s'est obligés au dialogue. On veut établir des relations de confiance. Nous n'exigeons pas de cahier des charges. De mon point de vue, le contact avec les producteurs diminue le risque. Le choix des producteurs membres s'est fait au départ par des coups de cœur, et ça nous a servi : certains producteurs ont complètement changé leurs méthodes simplement parce qu'on a discuté avec eux et qu'on leur a fait confiance. »

UN VÉRITABLE ENGAGEMENT CITOYEN

Les AmiEs de la Terre de l'Estrie sont dirigés par un conseil d'administration composé de neuf membres et n'emploient qu'une salariée. Cinquante bénévoles assurent le fonctionnement du marché à tour de rôle. André Nault tient au bénévolat. C'est pour lui une garantie que personne ne va faire évoluer la structure à son profit. Et à ce titre, il donne l'exemple : il fait lui-même une quarantaine d'heures de bénévolat par semaine aux AmiEs de la Terre de l'Estrie. Du bénévolat, il en a fait toute sa vie. Né dans le petit village de Val-Joli près de Windsor, il participe très jeune à l'organisation d'activités culturelles. Après un séjour en Alberta pour ses études en sociologie, il revient au Québec et s'intéresse aux défis environnementaux où, en travaillant avec Tony Le Sauteur, il développe son esprit critique. Gagnant sa vie comme représentant commercial – il en a conservé des habiletés de persuasion redoutable –, il s'active dans l'Association des propriétaires riverains des lacs ainsi que dans la ligue mineure de hockey tout en élevant une famille de cinq enfants.

Ce rythme de vie trépidant est entravé en 1998 par des douleurs atroces. On ne découvre pas tout de suite leur origine et il fait appel à la médecine traditionnelle comme à la médecine douce. « La folie est de penser qu'en faisant comme les autres on va avoir des résultats différents », explique-t-il. Aujourd'hui, il doit procéder à une dialyse à domicile une nuit sur deux, mais ne s'en plaint pas. « Cette machine, c'est la vie, pour moi. Je me suis retiré de la liste de transplantation rénale. » Il ne sait pas dans quelle mesure son alimentation aide à sa qualité de vie actuelle, mais il constate que, depuis qu'il y porte attention, il n'a pas eu de rechute.

Les impacts de l'alimentation sur la santé, si elles ont créé l'impulsion de départ, ne sont pas les seules raisons pour lesquelles le marché gagne en popularité. Les produits locaux qui n'ont pas été transportés sur de longues distances sont meilleurs au goût ! Il faut voir et goûter ce qui est offert au marché de Sherbrooke pour s'en convaincre. Le marché peut être choisi par conscience sociale ou environnementale, mais aussi par intérêt épicurien. André Nault continue cependant sa lutte contre les cultures OGM. Il considère leur prolifération comme du bioterrorisme, car ces techniques nous amènent à une crise

Les AmiEs de la Terre de l'Estrie fête le cinquième anniversaire d'une initiative qui rapproche producteurs et consommateurs.

écologique et sanitaire qui, en plus, fait perdre leur autonomie aux producteurs sans leur apporter les avantages qu'elles promettaient.

Cet engagement, entre autres, l'a conduit à la lecture de nombreux auteurs dont il cite les principes de mémoire. Ces inspirations lui font mettre au fronton de l'ensemble de ses projets les termes *autonomie, démocratie, diversité* et *équité*, ce qui le mène par exemple à des initiatives d'agriculture urbaine.

Comment André Nault et les nombreux bénévoles qui l'entourent changent-ils la terre ? Un marché comme celui-là donne de nouvelles avenues aux producteurs qui veulent les explorer. Quelques-uns d'entre eux ont réussi à traverser les difficiles étapes du développement d'une jeune entreprise agricole grâce aux possibilités offertes par ce marché. Certains y ont gagné en prospérité. Une nouvelle agricultrice a même réussi à accéder au financement de son projet et ainsi à s'établir grâce à l'appui des AmiEs de la Terre de l'Estrie. Ces producteurs reçoivent aussi beaucoup de considération de la part de leur clientèle, ce qui n'est pas peu lorsqu'on travaille fort à développer quelque chose de différent.

La formule du Marché de solidarité change par ailleurs le modèle de la consommation, car, aux AmiEs de la Terre, on a le souci de ne pas favoriser la consommation même si celle-ci peut être qualifiée de « verte ». Le mode de commande incite les consommateurs à réfléchir à ce qu'ils achètent. Ils pensent aussi à ceux qui produisent ce qu'ils achètent. Les producteurs songent à ceux qui vont manger ce qu'ils produisent. La communication se crée au-delà de la consommation. Les personnes sont en confiance et peuvent s'exprimer. Selon André Nault : « À tous ses membres, producteurs comme consommateurs, le Marché de solidarité régionale apporte de l'autonomie, du respect, de la fierté. »

DES FRONTIÈRES qui RECULENT

Les Amérindiens cultivaient du maïs et des courges. Ils ont appris aux premiers Européens à faire bouillir l'eau des érables. Champlain a fait venir de France les premières vaches, les ancêtres des vaches Canadiennes et, dès les débuts de la colonie, on y fabriquait de bons fromages. Les fermes entretenaient un jardin, élevaient quelques porcs et avaient leurs basses-cours pour fournir des volailles et des œufs à la famille et faire un peu de commerce.

La rigueur de notre climat, les traditions des Bretons et des Normands qui ont défriché la plaine du Saint-Laurent ainsi que nos sols particulièrement adaptés à l'élevage laitier ont créé ici une tradition. Près des trois quarts de nos productions agricoles actuelles en valeur monétaire proviennent de différents élevages, particulièrement des vaches laitières, des porcs et des volailles. Pour nourrir ces troupeaux, on a mis en place aussi différentes cultures, d'abord fourragères, puis céréalières.

L'horticulture s'est développée plus tardivement sous l'influence, entre autres, de l'immigration hollandaise et italienne. Les productions sous serres, elles, sont très récentes. Elles sont restées marginales jusqu'à ces dernières années : on estimait qu'elles ne pourraient être compétitives sous nos latitudes. L'horticulture ornementale, moins soumise à la concurrence, a fait les timides premiers pas dans ce domaine.

Au cours des 50 dernières années, l'agriculture s'est intensifiée, s'est spécialisée. Notre spécialisation laitière s'est accentuée. Les élevages porcins se sont multipliés et, sous l'effet d'une amélioration génétique importante, ils ont fourni à nos épiceries et à celles de nombreux pays une viande maigre de qualité. On a aussi vu naître et prospérer des entreprises spécialisées dans les productions avicoles et dans les cultures de céréales et d'oléagineux.

Depuis une dizaine d'années, une vague de diversification fait suite à celle de la spécialisation. Il est maintenant stimulant de voir naître toutes sortes de nouveaux projets visant soit à apporter dans nos assiettes des produits que nous achetions avant de l'étranger, comme les tomates de Savoura ou les fromages fins, soit à nous offrir de nouveaux produits à usage médicinal, ornemental ou environnemental, comme le font Horticulture Indigo ou la Coopérative forestière de Girardville.

Même dans des productions traditionnelles comme le miel, un apiculteur tel qu'Anicet Desrochers fait reculer les frontières en intégrant l'élevage de reines dans un milieu protégé comme nous en avons encore au Québec, et les agriculteurs bios élaborent des pratiques qui, dans les prochaines années, seront largement adoptées.

Les horticulteurs nous proposent maintenant pendant plusieurs mois des variétés de légumes inconnus il y a quelques années, qui font la réputation des lieux préférés des *foodies*, comme les marchés Jean-Talon et Atwater, et de tous les autres marchés qui poussent un peu partout. Les productions horticoles ornementales, de leur côté, ont transformé l'allure de nos villes et de nos villages et se préparent à faire plus en élargissant leur rôle.

On vise en effet à mettre au service des villes des plantes méconnues qui vont améliorer la qualité de l'eau, contrer l'érosion et contribuer à la décontamination tout en fournissant des îlots de fraîcheur. On cueille maintenant et on prévoit cultiver des plantes dont on sous-estimait le potentiel il y a quelques années, mettant ainsi en valeur une grande partie de notre vaste territoire jusqu'à maintenant délaissé. On préserve et valorise ainsi la biodiversité.

Les gens qui développent ces projets voient plus grand, plus loin ; ils vont amener notre agriculture à une autre dimension en accroissant les variétés produites, mais aussi en contribuant à assurer à notre planète un meilleur équilibre. Pour cela, ils repoussent toujours les limites des connaissances avec lesquelles, jusqu'à maintenant, on concevait les productions.

L'avenir de l'agriculture est lié à l'accroissement des connaissances en agronomie, mais aussi en biologie, en génie, en économie, en environnement, en médecine, etc. Il est lié aussi au partage de ces connaissances avec tous ceux qui y travaillent, et en particulier avec les agriculteurs. L'innovation est fille de la connaissance. Et nous en avons besoin pour résoudre les problèmes et relever les défis actuels.

PENSER AUTREMENT

André Nault considère que, pour avoir des résultats différents, il faut agir autrement. Einstein affirmait, lui, que l'on ne peut résoudre un problème avec le même niveau de pensée que celui qui a contribué à le créer. L'agriculture a trouvé au cours de son histoire des solutions à ses problèmes. Ces solutions ont donné des résultats intéressants, mais elles ont aussi créé d'autres problèmes et ont eu des impacts non souhaités : pour accroître la production, on a causé des problèmes environnementaux ; en soutenant économiquement les agriculteurs, on les a rendus plus vulnérables ; en protégeant le territoire agricole, on a entravé le développement régional.

Le *statu quo* n'est pas possible : il ne fait qu'accentuer ces problèmes. Pour les résoudre, il faut regarder plus globalement et, pour cela, remettre certains acquis en question. Il faut se donner l'occasion de trouver de nouvelles solutions qui vont apporter davantage que les solutions du passé. Beaucoup d'agriculteurs le comprennent, même s'ils n'ont pas encore réussi à convaincre certains de ceux qui prennent les décisions pour l'avenir de l'agriculture.

Les gens que nous avons rencontrés, eux, ont changé de façon de penser. Ils regardent les choses à partir de nouveaux points de vue. Ils trouvent des manières de faire qui leur permettent de sortir du cadre actuel en utilisant de nouvelles ressources, de nouveaux marchés, de nouvelles technologies, de nouvelles façons de s'organiser, de nouveaux partenariats.

Ils regardent les situations de manière stratégique, recherchant des effets multiples et nombreux en intervenant sur les bonnes choses. L'exemple des Labbé de la Laiterie Charlevoix montre qu'un plan d'affaires ingénieux peut avoir des effets sur la relève agricole, le maintien de l'agriculture dans la région, la gastronomie, le développement touristique, la survie d'une race patrimoniale et... la bonne marche de leurs affaires.

Les gens que nous avons rencontrés s'attaquent par des projets très concrets, très locaux, à des problèmes majeurs, de très grande envergure : la pollinisation des cultures, la mise en valeur de nos immenses forêts, la remise en condition de nos rivières polluées, le dialogue ville-campagne, les structures de mise en marché des produits agricoles, la compaction de nos sols, notre place sur le marché international, les OGM...

Ces actions locales ne changent pas nécessairement toute la situation mondiale, mais elles peuvent avoir, et elles ont déjà, des effets majeurs, car elles tracent des voies et ouvrent le champ des possibles.

Les changements illustrés dans les histoires présentées ici ne se sont pas faits sans peine. En même temps que ces innovateurs créaient de nouveaux produits, il leur fallait créer de nouveaux marchés. Il leur fallait, de plus, faire leur place là où rien n'avait été prévu pour eux, et tout cela sans beaucoup d'aide, car, par définition, personne ne connaissait le domaine qu'ils commençaient à explorer. Ce sont les consommateurs qui les ont appuyés, car les produits qu'ils proposaient correspondaient à leurs goûts.

CHRISTIAN VINET :
LA SURVIE D'UN MILIEU

Le développement de fromages fins artisanaux a donné un nouvel essor à toute la communauté de L'Isle-aux-Grues. Son directeur, l'agronome Christian Vinet, a fait les bons choix sur les plans du marketing et des pratiques agronomiques.

Christian Vinet
Société coopérative agricole
de L'Isle-aux-Grues
Fabrication de fromages artisanaux.

Lorsqu'à la fin de ses études en agroéconomie, au milieu des années 1990, Christian Vinet est arrivé à la Société coopérative agricole de L'Isle-aux-Grues, celle-ci était mal en point. Elle fabriquait du cheddar depuis des décennies, mais les revenus que l'on en tirait n'étaient pas suffisants pour assurer sa survie. À cette époque, l'intérêt des Québécois pour les fromages fins prenait de l'ampleur. Sachant qu'il allait devenir le directeur de cette petite coopérative, Christian Vinet s'était engagé dans une formation en marketing complémentaire à sa formation agroéconomique. Ses premiers constats l'ont amené à proposer aux sociétaires de la coopérative d'accroître l'activité de maturation du cheddar déjà en place et de se lancer dans la fabrication de fromages à pâte molle pour lesquels il y avait une demande grandissante et qui étaient alors presque exclusivement importés d'Europe.

La coopérative avait alors 6 sociétaires et 3 employés ; elle a maintenant 5 sociétaires et 15 employés. Les 5 sociétaires sont les seuls agriculteurs de l'île, qui compte

120 habitants. Ces producteurs se partagent tout le territoire cultivable de cette île du Saint-Laurent, en face de Montmagny, longue de huit kilomètres et large, un seul kilomètre. La coopérative a pour mission de transformer tout le lait de ces producteurs en lui donnant une valeur optimale et elle ne transforme que le lait produit à l'île.

Aujourd'hui, on trouve Le Mi-Carême, le riopelle de l'Isle, la Tomme de Grosse-Île ainsi que le cheddar Île-aux-Grues dans tous les bons comptoirs de fromages du Québec, mais aussi à Toronto, Vancouver et un peu partout au Canada. La fromagerie a pris de l'expansion, elle attire des gens à l'île et est devenue le cœur de son économie. Sans elle, il n'y aurait possiblement pas d'agriculture à l'île, car, l'hiver, les bateaux n'y accostent pas : il faut absolument que le lait produit soit transformé en fromage. On ne pourrait l'utiliser autrement. Or, sans agriculture, il ne resterait que le tourisme pour occuper la population de l'île, et le tourisme n'y est pas intense toute l'année.

LA NÉCESSITÉ : MÈRE DE L'INVENTION

Christian Vinet croit que c'est la nécessité qui a déclenché la créativité dans sa coopérative. Il y avait certes des risques à se lancer dans la fabrication de fromages fins il y a plus de 15 ans, mais il y en avait encore plus à ne pas le faire. Des cours de base en fromagerie à l'Institut de technologie agroalimentaire de Saint-Hyacinthe et

La Fromagerie constitue le cœur de l'économie de l'Isle-aux-Grues.

en France ont donné à Christian Vinet de nouvelles compétences. S'appuyant sur celles déjà présentes dans la fromagerie, il a amorcé l'élaboration de nouveaux fromages malgré quelques réticences normales en période de changement. La collaboration des distributeurs qui avaient une connaissance plus approfondie des goûts des consommateurs a été précieuse. Depuis le début, un partenaire, Plaisirs Gourmands, aide la coopérative à « faire vibrer l'intérêt du consommateur ».

La fromagerie a choisi d'élaborer progressivement quelques produits dont la mise en marché a été bien réfléchie. Le nom de chacun des fromages fait référence à une particularité historique, culturelle ou géographique de son terroir. Ils deviennent ainsi liés à l'île: on ne peut déguster ces fromages sans penser à l'île, et la visiter nous fait penser aux fromages. Le premier fromage, Le Mi-Carême, fait référence à une fête issue du Moyen Âge et qui a encore cours au milieu de l'hiver à l'île, et qui permet à tous ses habitants de se recevoir et de festoyer. L'étiquette porte une œuvre de Jean Vézina, un artiste local.

On voulait associer le deuxième fromage mis au point au plus célèbre habitant de l'île, le peintre Jean-Paul Riopelle, qui y a passé les dernières années de sa vie. La coopérative ne disposant pas des sommes qui auraient été nécessaires pour procéder à l'utilisation du nom et d'une toile de ce dernier, on a proposé au peintre et à sa conjointe de créer une fondation à laquelle la coopérative verserait un dollar pour chaque meule de fromage produite. Le couple a accepté, et la Fondation Riopelle-Vachon accorde depuis 10 ans des bourses aux enfants de l'île qui poursuivent des études postsecondaires et appuie des projets qui favorisent la préservation des écosystèmes de l'endroit.

Le troisième fromage, la Tomme de Grosse-Île, rend hommage à l'île voisine qui accueillit des milliers d'immigrants en quarantaine, notamment les bateaux transportant les Irlandais qui y moururent si nombreux. La croix qui fut installée par les descendants de ces infortunés est illustrée sur l'étiquette du fromage.

Ces références à des éléments caractérisant le milieu d'où proviennent les fromages en ont fait des marques fortes, bien identifiées, et que tous les amateurs de fromages connaissent. Les événements ont aussi aidé à leur popularité. Au moment où la Fromagerie Île-aux-Grues lançait son Mi-Carême, les journalistes se sont intéressés à la fête elle-même, et de nombreux reportages ont contribué à faire connaître à la fois l'événement et le fromage. Un an après avoir mis sur pied l'entente qui allait permettre de donner à son triple crème le nom de riopelle, le peintre mourait, ce qui a entraîné un intérêt pour le fromage ! Quant à la Tomme de Grosse-Île, elle bénéficie aussi de l'intérêt touristique accrue de l'île.

Les fromages de L'Isle-aux-Grues ne sont pas appréciés uniquement pour leur nom : ils sont de grande qualité. Le maintien de cette qualité est un souci quotidien de Christian Vinet qui considère que c'est encore plus difficile d'assurer la constance sur ce plan que de créer un nouveau fromage. Des processus précis et documentés, certifiés par une accréditation HACCP, sont mis en place pour assurer le contrôle de la qualité et la constance du goût.

L'un des fromages, la Tomme de Grosse-Île, se distingue aussi par l'utilisation d'une particularité insulaire : le foin de battures, qui pousse naturellement sur le pourtour de l'île. Christian Vinet trouvait regrettable que l'on importe du foin à l'île pour nourrir les troupeaux alors que celui qui y poussait ne servait pas. À la même période, l'un des sociétaires voulait prendre sa retraite, et il était important de le remplacer. Or, un nouvel agriculteur était prêt à faire des essais d'alimentation de son troupeau de Suisses brunes avec le foin de battures. Ce foin n'a pas les teneurs en protéines et en énergie nécessaires pour assurer l'alimentation complète d'un troupeau, mais, utilisé pour une partie de l'alimentation, il donne un goût particulier au fromage.

La partie n'est pas gagnée pour la Fromagerie Île-aux-Grues. Il serait important pour elle de transformer l'ensemble du lait des cinq troupeaux de ses sociétaires en fromages fins, ce qui n'est pas encore le cas. Pour y arriver, il faut créer de nouveaux marchés sans les ressources promotionnelles auxquelles les grandes entreprises ont accès. Il y a les défis d'organisation liés à la vie sur une île, comme les heures d'arrivée des bateaux qui fluctuent avec la marée et le fait que, l'hiver, tous les transports se font en avion. Il y a les difficultés à conserver les employés que l'on a formés et qui considèrent la vie insulaire comme agréable pour un temps, mais qui ne restent pas.

Mais on peut parier sur la fin de la partie en observant les premières périodes. La Société coopérative agricole de L'Isle-aux-Grues donne des emplois précieux sur l'île. Elle permet aux cinq agriculteurs de poursuivre leurs activités et de maintenir les paysages de l'île. Elle soutient la formation des jeunes de l'endroit. Elle a participé à la protection et à rendre accessible une aire protégée : la pointe aux Pins dans la partie ouest. Elle attire de nouvelles personnes qui apportent aussi des idées nouvelles. Elle fait la fierté des habitants de l'île. Elle la fait connaître et y attire des touristes qui contribuent à faire vivre d'autres familles. Bref, elle garde l'île vivante et enrichit notre gastronomie.

CHRISTIAN BARTHOMEUF : LA CRÉATIVITÉ D'UN HOMME LIBRE

Autodidacte de la culture des arbres fruitiers et des vignes, ainsi que de la viticulture, Christian Barthomeuf est aussi créateur de la fabrication du cidre de glace. Il est l'un des fondateurs de la filière des alcools fins issus du terroir québécois.

Christian Barthomeuf
Clos Saragnat
Frelighsburg
Élaboration et production
de vin de glace, vin de paille,
cidre de glace et cidres apéritifs.

Fou furieux! C'est comme ça que Christian Barthomeuf se décrit. Fou d'expérimentations, de recherches et d'innovations, faudrait-il dire. Apprendre par lui-même par les recherches, l'observation de la nature, les essais et les réajustements le passionne. Voilà comment il a été le premier à créer un vignoble à Dunham, posant ainsi le premier jalon de la route des vins, et comment il a mis au point le savoir-faire pour la fabrication d'un produit maintenant mondialement apprécié : le cidre de glace.

Né en France, il ne vient pas d'une région viticole, n'est pas issu d'une famille agricole et n'a pas étudié l'agronomie. Rien ne préparait spécialement Christian Barthomeuf à faire sa vie en agriculture et à jouer le rôle qu'il a tenu dans sa région et dans son pays d'adoption, sinon celui d'avoir des ancêtres auvergnats reconnus pour leur ténacité et leur ardeur au travail ainsi que pour leur gastronomie simple, basée sur des produits de haute qualité.

Il débarque au Québec à 23 ans après avoir fait des études de mécanique, de photographie et occupé de petits emplois. Il explore, travaille dans une entreprise d'importation, lance un commerce d'électronique et, sans capital, sur la foi de sa réputation, devient propriétaire d'une ferme à Dunham. On lui suggère d'y élever des cochons. Il a l'idée d'y planter des vignes. On lui demande : « Pourquoi pas des bananes ? » Il se met à lire sur la viticulture. « Ça m'a coûté cher de livres », dit-il. On est en 1980 : le destin de Dunham vient de prendre un tournant.

En 1982, les premières bouteilles de vin rouge sont prêtes à la mise en vente. Le Domaine des Côtes d'Ardoise ouvre ses portes aux visiteurs. Christian Barthomeuf poursuit ses expérimentations, mais peine pour s'acquitter de ses obligations financières. C'est un client, le docteur Papillon, qui changera la donne : il achète l'entreprise dont il confie la gérance à Barthomeuf. Ce dernier est libéré de ses problèmes et se consacre à ce qui l'intéresse.

LA MISE AU POINT D'UN NOUVEAU PRODUIT

À l'hiver 1989-1990, il a l'idée d'acheter quelques kilos de pommes à son voisin afin de vérifier les possibilités de faire du cidre de glace comme on fait du vin de glace. La pomme est un fruit plus gros. Gèle-t-elle de la même manière que le raisin ? Comment faut-il la faire geler pour en concentrer les sucres ? Comment se comporte le jus du fruit gelé ? Il fait geler ses fruits de toutes les manières, à l'extérieur, dans une grange, dans la paille.... Le goût sucré du jus de ces fruits le convainc de poursuivre l'expérimentation.

En 1992, les premières bouteilles de cidre de glace – produit que personne ne connaissait alors – sont mises en vente. À ce moment, Christian Barthomeuf a quitté le Domaine des Côtes d'Ardoise. Les premiers succès de ses vins et la démotivation typique des êtres créatifs qui les a suivis ont détérioré la relation entre le propriétaire et son gérant, relation qui avait pourtant été profitable pendant plusieurs années.

Installé dans un verger voisin, l'explorateur concentre son travail sur la fabrication du cidre de glace. C'est à cette période qu'une cycliste en promenade s'arrête chez lui pour goûter ce nouveau produit. Elle deviendra sa compagne, et c'est avec elle qu'il créera un nouveau domaine à partir d'un verger abandonné de Frelighsburg. Louise Dupuis n'a pas plus d'expérience agricole que Christian Barthomeuf n'en avait lorsqu'il est arrivé à Dunham, mais elle apprendra.

La qualité du cidre de glace est telle qu'elle attire de nouveaux cidriculteurs qui en feront un succès commercial. Ces gens ont besoin d'un vinificateur et, bien sûr, l'expert est l'inventeur du produit. Christian Barthomeuf travaillera donc pendant sept ans au développement des produits de La Face Cachée de la Pomme et pendant huit ans à ceux du Domaine Pinnacle. Son expertise sera aussi mise à profit au Domaine Chapelle Ste-Agnès, où il est le vinificateur.

LE CLOS SARAGNAT

Le travail fait pour les grands producteurs de cidre de glace permet à Christian et Louise de remettre en état les quelques bâtiments récupérables du verger abandonné qu'ils ont acheté. Ils tentent de conserver les quelques pommiers encore en vie, et Christian se met à... planter vignes et pommiers. Le projet de départ est modeste : le Clos Saragnat, du surnom donné à sa famille auvergnate, est vu comme un lieu d'expérimentation et de développement de connaissances.

Le projet évolue et, en 2011, Christian a laissé presque tous ses contrats d'expert pour se consacrer à leur domaine qui reste selon les vœux de ses propriétaires une petite entreprise qui emploie actuellement 3 personnes et qui doit en faire vivre 4 à moyen terme. Bien sûr, on leur conseille de grossir, mais Louise et Christian ont choisi de ne produire que 10 000 bouteilles par an. « Lorsque l'on grossit, c'est la banque qui contrôle. On dort moins bien. »

Les ambitions des propriétaires du Clos Saragnat sont ailleurs. L'esprit de recherche qui a mené à la création de nouveaux produits se porte maintenant vers les techniques de production. Christian veut « pousser la production biologique dans ses derniers retranchements ». Son domaine avait l'avantage de n'avoir reçu aucun produit chimique depuis des lustres. Il a demandé et reçu l'accréditation bio parce que celle-ci est importante pour les clients, mais il veut aller plus loin. « On concentre le jus de pomme dans la fabrication du produit ; il ne faut pas concentrer des produits chimiques. Le vin, aujourd'hui, est souvent issu d'une bouillie chimique. En revenant en arrière, je vais en avant. On observe ce qui se fait dans la nature comme l'ont fait beaucoup d'agriculteurs avant nous. »

Ainsi, au Clos Saragnat, on ne traite pas les pommes avec les insecticides permis par l'appellation biologique. Ce sont les coccinelles qui se chargent des pucerons. Les oiseaux insectivores sont attirés par ce lieu exempt d'insecticides. On crée un écosystème qui va s'autocontrôler progressivement. Et c'est déjà le cas. On s'inspire des pratiques chinoises de compagnonnage, on utilise les engrais naturels des oies et des chevaux de l'exploitation.

La consommation de pétrole est faible au Clos Saragnat, et on veut la diminuer encore. On n'utilise le tracteur que pour les déchargements. Trois chevaux que Christian entraîne doucement depuis deux ans remplacent le motoculteur. « Sur ce domaine, jusqu'en 1954, le travail se faisait avec des chevaux. » Les traitements fongicides bios se font en véhicule électrique. Les bruyants coupe-bordures ont été remplacés par des faux ergonomiques créées sur mesure par un artisan américain. « Le travail se fait plus vite avec des faux. C'est moins lourd que les Weed Eater, et on entend les petits oiseaux. »

Ces choix ont amélioré la qualité de vie des travailleurs du domaine. « C'est vraiment agréable, en hersant avec un cheval, d'entendre la terre glisser sur les sillons, et j'aime mieux soigner mes chevaux en fin de journée que de vidanger l'huile d'un tracteur. » Il n'y a plus que le tracteur à gazon à remplacer. L'entreprise consomme 30 litres d'essence à ce poste. Des projets de panneaux solaires vont permettre de compléter bientôt la démarche zéro pétrole.

L'expérimentation de l'été 2011 consiste à planifier le désherbage avec un petit troupeau d'oies. « Les oies sont excellentes pour assurer le désherbage, à condition qu'on leur permette de manger à leur faim. De cette façon, elles ne touchent pas à ce que l'on cultive. Elles ont fait leurs preuves dans les champs de coton des États-Unis, dans les fraisières et même dans les champs de maïs. »

Le style d'agriculture pratiquée par les propriétaires du Clos Saragnat a tellement plu à un stagiaire français venu passer une saison qu'il a fait les démarches d'immigration. Adrien Boulicaut s'est installé à Frelighsburg. Il constitue la relève de Louise et Christian. Sa formation dans une école agricole d'Angers apporte une nouvelle expertise au domaine, notamment en ce qui a trait à la taille des arbres fruitiers.

LE GARDIEN DE LA QUALITÉ

Les prix remportés par le travail de Christian Barthomeuf chez lui et dans les vignobles ou les domaines pomicoles où il s'est investi ne se comptent plus. Pour le grand sommelier François Chartier, « il y a les cidres de glace de Christian Barthomeuf et... les autres. » Ses produits se retrouvent maintenant sur les grandes tables du monde. C'est pour cette raison qu'il a été amené à travailler avec le CARTV, le Conseil des appellations réservées et des termes valorisants, afin de définir avec de multiples spécialistes les paramètres qui vont encadrer la mise en place d'une appellation réservée pour le cidre de glace. Depuis 20 ans qu'il en fait, il connaît toutes les méthodes et toutes les astuces. Une appellation donnerait une notoriété et une garantie de qualité à ce produit d'exportation.

Tient-il à la mise en place de cette appellation? « Bien sûr, mais il faut qu'il y ait des normes qui garantissent les particularités du cidre de glace. Sinon on pourra en faire avec des congélateurs n'importe où dans le monde. Un véritable cidre de glace est fait à partir de fruits gelés sur l'arbre pendant notre glacial mois de janvier. C'est lié à notre climat. Il ne peut pas se faire avec des pommes provenant d'ailleurs. Il y a une traçabilité à respecter. Si je fais face à un hiver doux, je ne pourrai pas faire de cidre de glace. Je pourrai faire du cidre liquoreux que je vais vendre moins cher. Ce sera bon, mais ce ne sera pas du cidre de glace. Il ne sera pas issu de cryoextraction. Nos normes doivent être élevées, car elles auront un impact sur ce qui se fera au Vermont et en Ontario. »

Il est possible en effet de faire un cidre liquoreux par une autre méthode, la cryoconcentration. On récolte alors les fruits à l'automne, on les met au frigo, on les presse en décembre et on fait geler le jus à l'extérieur. Le véritable cidre de glace, lui, est fait de fruits qui ont gelé sur l'arbre avant d'être pressés. L'appellation pourrait donc valoriser une caractéristique climatique que l'on considère habituellement comme un inconvénient.

Maintenant que l'essentiel de l'énergie du couple est investie dans le Clos Saragnat, l'entreprise doit être autonome. Elle ne peut croître avec des revenus gagnés à l'extérieur. Louise Dupuis et Christian Barthomeuf n'attendent pas de leur entreprise des revenus mirobolants, mais veulent bien vivre, et l'entreprise le leur permet. Le développement se fait au rythme que les revenus de l'entreprise génèrent, et ils ont prévu des conditions pour assurer la pérennité du milieu qu'ils ont créé.

Cette entreprise qui fait vivre ses artisans, qui contribue aux attraits touristiques de la région, qui protège l'environnement, qui soutient le développement de la gastronomie québécoise, qui fait de la recherche, dont de nombreuses entreprises ont bénéficié et bénéficieront, prend de l'expansion sans presque aucune aide de l'État, même en matière d'information ! Cela ne les empêche pas de poursuivre leur engagement envers leur région, leur village, et de soutenir d'autres artisans qui, comme eux, cherchent des moyens de créer des produits de qualité. Il reste au couple suffisamment d'énergie pour mettre en place une fondation au bénéfice des enfants : Les fleurs du bien. Cette initiative de Louise vise par divers projets à procurer aux enfants des choses essentielles, mais non nécessaires, que leurs parents ne peuvent leur offrir, comme des jeux ou de l'équipement sportif. Tel le colibri qui tente d'éteindre un feu en transportant dans son bec un peu d'eau de la mer, Louise et Christian connaissent les limites des effets de leurs actions, mais tentent de faire leur part dans la construction du monde.

Christian Barthomeuf est fier de ses réalisations. « Le cidre de glace fait vivre des centaines de personnes, et la route des vins fait la renommée de Dunham. » Il est fier aussi d'avoir fait ce qu'il voulait et de continuer à vivre comme il le veut. « J'ai couru beaucoup de risques. Je savais, jeune, que je me débrouillerais bien parce que j'apprenais vite. Et puis j'avais un oncle qui était chauffeur à l'Assemblée nationale française et il m'avait dit que, le jour où je le voudrais, il m'obtiendrait un poste comme le sien. Alors je pouvais courir des risques. J'avais cette assurance dans ma poche. J'en ai profité pour faire la vie que je voulais. »

LUCIE CADIEUX : UNE QUÊTE D'AUTHENTICITÉ ET DE CONCERTATION

Lucie Cadieux est une pionnière des appellations réservées du Québec, qui constituent une voie de développement pour plusieurs petites entreprises agricoles et de nombreuses communautés de la province.

Lucie Cadieux
Ferme Éboulmontaise
Les Éboulements
Élevage et transformation
de l'agneau de Charlevoix.

Lucie Cadieux n'a pas de regret d'être sortie des sentiers battus pour emprunter la voie de la différence. Elle et une poignée d'autres producteurs d'agneaux de la région de Charlevoix sont détenteurs de la première appellation réservée du Québec : l'Indication géographique protégée (IGP) de l'agneau de Charlevoix. À l'instar de plusieurs produits européens de renommée internationale, tels le camembert de Normandie, l'armagnac et l'huile d'olive de Provence, l'agneau de Charlevoix accède à une reconnaissance légale et se distingue ainsi de tous les autres produits sur le marché. La route aura été compliquée et parsemée d'embûches, mais son achèvement marque un tournant pour l'agriculture du Québec. La volonté et l'acharnement de Lucie Cadieux y ont compté pour beaucoup, car tout était à faire.

Ce à quoi elle aspirait pour l'agneau de Charlevoix n'existait pas encore, ni au Québec ni au Canada. On dit de cette femme qu'elle a du caractère, que rien ne l'arrête. Elle n'hésite pas à insister quand les choses ne bougent pas assez vite. C'est surtout une battante au grand cœur, sensible et dévouée à sa communauté, car ce cheminement qui a mené à la reconnaissance de l'agneau de Charlevoix, elle l'a fait pour sa région, son monde. C'était sa façon de dire non à la disparition des fermes familiales du coin et à l'exode rural. Elle a reconnu une voie d'avenir là où personne n'en voyait. En mars 2009, lorsque le ministre de l'Agriculture lui a confirmé que l'agneau de Charlevoix jouissait dorénavant d'une appellation réservée, Lucie en a pleuré un bon coup. « Il y avait de la joie, du soulagement et toutes les émotions qui m'ont habitée pendant toutes ses années. » Encore aujourd'hui, les larmes lui montent aux yeux quand elle en parle.

QUAND TOUT EST À INVENTER

Ce sont les chefs de Charlevoix qui, les premiers, ont sonné l'alarme au début des années 1990. La gastronomie de Charlevoix gagnait en popularité, on recherchait des produits frais, typiques, alors que les fermes pouvant les approvisionner, elles, disparaissaient. Lucie Cadieux, agroéconomiste de formation et conseillère en gestion auprès des agriculteurs du coin, était à même de confirmer ce constat alarmant. « On voyait bien que ça n'allait pas. On ne pouvait pas faire de l'agriculture comme dans les régions des basses terres du Saint-Laurent, ni produire de grandes quantités ou obtenir les mêmes rendements. Les agriculteurs se décourageaient et abandonnaient. La région a perdu 3 000 hectares de terre, qui allaient retourner en friche. Le nombre de vaches, de volaille et d'agneaux diminuait. » Les chefs, les agriculteurs et les commissaires industriels se sont réunis pour chercher des solutions. Lucie Cadieux et son conjoint Vital Gagnon, agronome, étaient du groupe. En parallèle de leur carrière respective, ils élevaient des agneaux et les vendaient à la ferme. Eux aussi étaient préoccupés par la situation et cherchaient, comme les autres, une solution à ce problème dont souffrent plusieurs régions rurales du Québec.

Compte tenu de la nature particulière de Charlevoix, nordique, montagneuse, le groupe s'est d'emblée tourné vers les produits de créneaux, imaginant le potentiel des appellations réservées comme il y en a en Europe. Avec l'aide du consul de France, le groupe a pris contact avec des gens d'expérience capables de bien orienter leur démarche exploratoire. Ils ont ainsi concentré leur énergie sur quelques productions spécialisées : les alcools de fruits, le porc nourri de sarrasin et le poulet. Des cahiers des charges ont été élaborés. Le cahier des charges, élément vital des appellations réservées, définit le mode de production et fournit une description détaillée des pratiques à respecter. Si ce travail de défrichage n'a jamais connu de débouché concret, ces productions n'étant pas adaptées au contexte du temps, la réflexion sur le potentiel que recèlent les appellations réservées a suivi son cours.

En 1996, Charlevoix franchit une étape déterminante. On organise un colloque d'envergure nationale sur les appellations réservées, thème peu connu de la plupart des acteurs du milieu agricole québécois. Cent cinquante personnes y assistent. De là naît une table de concertation regroupant producteurs, transformateurs, restaurateurs qui travaillent bénévolement, encore aujourd'hui, à l'avancement de l'agriculture de la région. De leur côté, Lucie et Vital se familiarisent de plus en plus avec les appellations réservées et y voient même un potentiel pour leur propre élevage. « L'appellation réservée est une démarche collective dans tous les sens du terme. Elle vise à rassembler les forces d'un groupe de producteurs et à concevoir un mode de production dont le résultat est un produit unique. Une fois le produit reconnu, tout producteur a accès à l'appellation réservée à condition de respecter le cahier des charges et de se soumettre au processus de vérification. L'appellation réservée est donc un bien public. » Vital Gagnon et Lucie Cadieux auraient très bien pu opter pour une marque de commerce à eux. L'agneau qu'ils produisaient était déjà reconnu pour ses qualités. Ils auraient pu en produire deux fois, trois fois plus. La demande n'aurait pas été comblée. Cela ne correspondait pas à leurs valeurs. « La marque de commerce, ce n'était pas pour nous. Nous voulions faire quelque chose pour notre région, on savait qu'il fallait renforcer l'agriculture de Charlevoix, occuper le territoire, entretenir nos paysages. Tout cela nous tenait à cœur. » Lucie Cadieux a beaucoup travaillé auprès des agriculteurs de sa région et c'est pour eux qu'elle voulait créer quelque chose de meilleur. « Le collectif, c'est une valeur pour moi. Je sentais que j'avais une responsabilité envers tous ces producteurs. »

Lucie Cadieux a donc commencé par la base : repérer les producteurs d'agneaux de sa région, une dizaine, et sonder leur intérêt à créer un produit d'appellation réservée alors que la loi n'existait pas encore ! Il fallait y croire. C'était en 1995. Sept producteurs ont répondu à l'appel. Des heures et des heures de travail ont été investies à l'élaboration de cette appellation. Lucie évalue qu'elle y a mis l'équivalent de dizaines de milliers de dollars en temps, et c'est sans compter le temps de ses collègues producteurs qui ont, eux aussi, travaillé d'arrache-pied.

En 1996, le gouvernement du Québec adopte la Loi sur les appellations réservées. Pendant deux ans, et grâce à une subvention du gouvernement fédéral, le groupe des sept a pu tester et valider la Loi sur les appellations sur l'agneau de Charlevoix.

En 1999, Charlevoix devient région pilote pour la mise en application d'une appellation réservée. Les producteurs d'agneaux de Charlevoix effectuent une demande officielle d'appellation d'origine (AO). « Ça a pris un an avant d'avoir un accusé de réception. Il a fallu être patients et revenir souvent à la charge. Même si l'Europe nous servait d'exemple, nous avancions en terrain inconnu. C'est le BNQ, Bureau de normalisation du Québec, qui a procédé à la mise en place des normes qui allaient nous régir comme groupe. Il est ressorti de ce processus qu'une indication géographique protégée était plus appropriée à notre situation. » En 2006, la loi a été modifiée pour devenir la Loi sur les appellations réservées et les termes valorisants, puis le Conseil des appellations réservées et des termes valorisants (CARTV) a été créé pour voir à l'application de la loi et reconnaître les organismes responsables de veiller à l'application et au respect de cahier des charges comme le nôtre. » En mars 2009, le ministre de l'Agriculture accordait la première appellation réservée du Québec à l'agneau de Charlevoix. Cinq ministres de l'Agriculture auront vu passer ce dossier porté haut et fort par Lucie Cadieux et ses collègues.

Dorénavant, seuls les producteurs respectant le cahier des charges comportant des règles strictes de production élaborées avec l'aide du Bureau de normalisation du Québec pourront afficher « IGP Agneau de Charlevoix » sur leurs produits. Chaque producteur doit non seulement se conformer aux règles, mais se prêter à des inspections régulières par des organismes accrédités.

L'appellation réservée de l'agneau de Charlevoix lui confère une noblesse et une notoriété qui rejaillit sur toute la région.

UNE SOMME DE TRAVAIL QUI EN VAUT LE COUP

Dans cette grande aventure, Lucie Cadieux a souvent été mise à l'avant-plan. Cependant, elle demeure humble par rapport à son rôle. « J'ai été le porteur de ballon, mais l'agneau de Charlevoix, ce n'est pas moi qui l'ai fait. Ce sont les consommateurs et les producteurs d'agneaux de Charlevoix. Tout part d'eux. On a travaillé à élaborer le produit que les consommateurs voulaient. On souhaitait que les gens se déplacent jusqu'ici pour goûter notre agneau, que les chefs soient fiers de le mettre à leur menu. » Pour obtenir ce résultat, les producteurs d'agneaux qui se prévalent de l'appellation réservée doivent se plier à plusieurs exigences. L'agneau doit naître, être élevé et être abattu dans l'une des 13 municipalités de la région de Charlevoix. L'éleveur doit être propriétaire de son troupeau qui n'excède pas 500 têtes. L'agneau doit être nourri par sa mère pendant les 50 premiers jours de sa vie. Des grains et des fourrages cultivés dans la région composent ensuite son alimentation. Il n'y a pas de maïs, puisque cette plante très exigeante en engrais et en pesticides ne pousse pas dans la région de Charlevoix qui, de surcroît, est une réserve mondiale de la biosphère. Les brebis sont mises au pâturage dès que la température le permet, au printemps. Les agneaux sont gardés à l'intérieur pour assurer un meilleur suivi et pour leur protection en raison de la présence de prédateurs. Leur croissance est lente, leur viande est maigre. Ils seront abattus lorsque leur poids atteindra de 15 à 20 kilos, 17 kilos étant l'idéal. Voilà la méthode minutieusement élaborée pendant plusieurs années pour en arriver à une viande unique dont les particularités ont été maintes fois vantées par les plus grands spécialistes de la gastronomie, dont Philippe Mollé : « Pour moi, l'agneau de Lucie Cadieux, sa démarche et le cahier des charges imposé donnent à ce produit ses lettres de noblesse. Je le compare à ce qui se fait de mieux ailleurs dans le monde. Pour avoir goûté l'agneau d'Écosse, celui de pré-salé du Mont-Saint-Michel, l'agneau frais de la Nouvelle-Zélande et de l'Australie, l'agneau de Charlevoix représente un agneau d'exception au même titre qu'une volaille de Bresse ou un jambon ibérique de grande qualité. Sa finesse, son goût unique d'un mélange de noisette et d'herbes fraîches, son côté fondant représentent pour ma part ce que le Québec offre de meilleur et de vrai, un réel produit de terroir, dit-il. Tout cela est exigeant, mais a des retombées positives pour la région de Charlevoix. »

L'appellation réservée vient sceller cette façon de faire et assure aux consommateurs que l'agneau qu'on leur sert est bel et bien ce à quoi ils sont en droit de s'attendre. Quand on travaille fort à faire un bon produit, il n'y a rien de plus insultant que de le voir se faire usurper son identité. C'est arrivé à plus d'une reprise à l'agneau de Charlevoix. « L'usurpation n'était pas rare, et l'appellation réservée nous a donné un outil de plus pour intervenir. Nous ne sommes plus seuls pour défendre notre produit. L'État est là pour protéger l'appellation qui, une fois accordée, devient propriété publique. Je n'aurais pas cette forme de protection avec une marque de commerce. » L'appellation protège donc le produit, le producteur et le consommateur. Dans la région de Charlevoix, les terres sont de petites dimensions. La production à grande échelle est limitée. Produire chacun chez soi, mais selon une méthode commune, devient très intéressant : les volumes offerts sont plus grands et, potentiellement, ouvrent des marchés nouveaux et lucratifs. C'est de la mise en marché collective, volontaire et à valeur ajoutée. Dans un monde où le mot « terroir » est utilisé à toutes les sauces, les appellations réservées sont garantes de l'authenticité et de l'origine du produit.

Non, Lucie Cadieux ne regrette rien. Elle encourage les producteurs à se prévaloir des appellations réservées et des termes valorisants pour leurs produits. On l'invite à donner des conférences sur l'agneau de Charlevoix, et ce qu'elle observe, ici et à l'étranger, lui confirme que les appellations sont une voie d'avenir qu'il faut soutenir. Les clémentines et l'huile d'argan marocaines, le beurre de karité en Afrique sont autant d'exemples que les appellations réservées dynamisent les économies, sauvent des communautés et des façons de faire, et protègent des agricultures différentes.

Lucie Cadieux est-elle plus riche depuis que son agneau jouit d'une indication géographique protégée ? « Oui, je suis riche : pas monétairement, mais riche de toute cette expérience. Je suis allée au bout de ce que je voulais vivre. Je voulais voir évoluer l'agriculture, faire prendre conscience aux producteurs de masse que le créneau est une source de fierté collective. Une fierté qu'on n'avait pas avant. Même les hauts placés à l'Union des producteurs agricoles le reconnaissent maintenant. »

DE NOUVEAUX DÉFIS

Malgré la reconnaissance, malgré la demande qui surpasse l'offre, malgré tout ça, son entreprise se retrouve encore aujourd'hui en situation précaire, et un sérieux coup de barre doit être donné. « En mars 2009, on recevait notre IGP. Au même moment, on a annoncé que le Programme d'assurance stabilisation des revenus agricoles exclurait du calcul des coûts de production les producteurs les moins performants et que les compensations seraient établies non pas en fonction du nombre de brebis en élevage, mais en fonction du nombre de kilos de viande produits. » Deux modifications qui touchent directement les producteurs comme Lucie, qui ont opté pour des agneaux plus légers et qui coûtent plus cher à produire. « Les politiques agricoles sont incohérentes. D'un côté, on reconnaît le travail de l'artisan ; de l'autre, on lui dit qu'il n'est pas assez performant et on le pénalise. Tout cela n'encourage pas les producteurs d'agneaux à choisir la voie du marché de créneau, et plusieurs se découragent non seulement dans la région de Charlevoix, mais en Abitibi-Témiscamingue, au Saguenay–Lac-Saint-Jean et dans le Bas-Saint-Laurent. Notre groupe ne compte plus que quatre producteurs, et il n'y a aucun élément pour stimuler la production d'agneaux de Charlevoix. On en arrache, c'est aussi ça, notre réalité. Cela dit, ceux, du groupe, qui restent ont de plus gros troupeaux. Un plus grand nombre de leurs agneaux répondent aux critères que nous nous sommes fixés, et la demande augmente. Il y a quand même du positif. » Lucie ne se décourage pas. Au contraire, on dirait même que l'adversité la stimule. « Notre marché est un marché d'été, étroitement lié à l'activité touristique. Pendant cette période, je commercialise 500, 550 agneaux, et j'en manque ! Les côtelettes, les carrés partent en deux jours. Pour être rentables, il faudrait vendre à l'année, quitte à exporter en dehors de la région, desservir des consommateurs et des restaurateurs de partout au Québec qui apprécient notre produit. De deux choses l'une, ou bien je ferme, ou bien j'agrandis pour répondre à cette demande des consommateurs qui aiment l'agneau de Charlevoix. » Dans la mi-cinquantaine, Lucie Cadieux songe à doubler sa production d'agneaux. Un investissement de plusieurs centaines de milliers de dollars. Y a-t-elle sérieusement pensé ? Oui, justement, c'est là la force de Lucie Cadieux. C'est une visionnaire. Sa Ferme Éboulmontaise améliorée, elle l'imagine déjà. Tout est là, dans sa tête, de la même manière qu'elle avait prévu l'avènement des appellations réservées au Québec. L'Indication géographique protégée sera d'autant plus pertinente qu'elle solidifiera le lien de confiance que la distance rend parfois ténu.

Lucie poursuit son périple, mais elle peut dire « mission accomplie », car la voie est maintenant tracée pour les autres.

VALLIER ROBERT ET NATHALIE DECAIGNY : L'INNOVATION DANS NOS TRADITIONS

Les créations de Vallier Robert ennoblissent le plus traditionnel et le plus distinctif des produits alimentaires québécois.

Vallier Robert et Nathalie Decaigny
Domaine Acer
Auclair
Boissons alcoolisées élaborées
à partir de la sève de l'érable.

« Je voulais faire quelque chose de mieux pour l'érable. » Voilà l'ambition qui a porté Vallier Robert, ce fils d'acériculteur du Témiscouata, à laisser de côté une carrière en comptabilité pour se consacrer à la création de nouveaux produits, les *acers* : des boissons alcoolisées issues de la vinification de la sève d'érable. Nathalie Decaigny, sa compagne, qui l'a rejoint dans son projet, ajoute : « Il faut amener plus loin un produit aussi écologique, aussi pur et naturel et d'un raffinement exquis. » Ensemble, ils veulent participer à la reconnaissance de l'érable comme l'un des grands produits du monde.

À partir des traditions acéricoles et cidricoles québécoises, de celles des viticulteurs français et en tirant parti de différentes expériences de développement et de mise en marché de boissons alcoolisées, le Domaine Acer a créé des produits de très haute qualité tout à fait distinctifs, liés par leur présentation à leurs nobles sources d'inspiration. Ils ne sont pas présentés comme des vins, car ils ne sont pas issus de la vigne. Ils portent un nouveau nom, des *acers*, le nom latin de l'érable.

À ceux qui ont goûté à des mélanges plus ou moins réussis où l'on a ajouté du sirop d'érable, déguster les *acers* du Domaine Acer procure une toute nouvelle expérience. « Mon plus grand coup de cœur parmi les boissons alcoolisées artisanales québécoises », explique le sommelier Marc Chapleau en parlant du Charles-Aimé Robert, un *acer* de type digestif, s'apparentant au porto. Anne Desjardins, chef réputée, qualifie le Val Ambré, *acer* de type apéritif s'apparentant au pineau des Charentes, « d'exquise rareté ». Ces deux produits fins et équilibrés ont gagné plusieurs prix et font partie des cartes des grands restaurants.

UNE HISTOIRE D'EXPÉRIMENTATION

L'idée de fabriquer des boissons alcoolisées à partir de la sève d'érable date de 1990 dans l'imagination de Vallier Robert. Il voyage alors en Alsace et en Champagne, visite des caves, s'informe des modes de vinification. Il fait aussi le tour des vignobles et cidreries du Québec. Dès cette époque, il choisit son positionnement, une production artisanale haut de gamme, et commence une petite production à l'érablière de son père pour vérifier si la fermentation est possible, puis il repart en France pour tester ses deux premiers produits.

À Épernay, haut lieu de production du champagne, les spécialistes qu'il consulte proposent à huit œnologues une dégustation à l'aveugle de ses produits. Les dégustateurs sont perplexes ; l'un d'eux se risque, il y trouve le goût d'un vin du midi. Le mousseux, d'après eux, n'a pas de défaut, mais le goût ne se relie à rien de connu. Vallier Robert a aussi apporté du sirop d'érable. Celui-ci est proposé aux œnologues. « Alors je les ai entendus parler des goûts du sirop comme ils parlent habituellement des vins. Je leur ai demandé si ça valait la peine de poursuivre ma recherche. Ils ne m'ont pas conseillé d'essayer de me faire une place parmi les grandes marques internationales, mais de créer un produit artisanal de qualité. Cet encouragement m'a incité à poursuivre. »

Il demande alors une aide au programme Essai et recherche d'Agriculture et Agroalimentaire Canada. « Ce programme, qui n'existe plus, est ce qui s'est fait de mieux pour soutenir des projets comme le mien, explique Vallier. On nous y donnait du temps, des moyens et des ressources. Les responsables considéraient qu'il fallait se donner le droit à l'erreur pour créer quelque chose de nouveau. Ma première demande pour une aide à la recherche d'un an a été refusée : on m'a demandé de l'augmenter afin de l'étendre sur trois ans ! Ce programme m'a permis de tester deux procédés avec l'appui d'un agent de projet et d'un agent scientifique, et ensuite de mettre au point mes produits et leur mise en marché. »

Entre 1992, année où il obtient une aide gouvernementale, et 1997, année de lancement de ses produits, Vallier Robert a connu des périodes d'enthousiasme et de déception. Il fera un stage de 6 mois à la cidrerie Michel Jodoin de Rougemont et un autre de 6 semaines en France, construira 2 caves, achètera l'érablière de son père, modifiera les bâtiments à partir de la cabane à sucre familiale, rencontrera sa compagne, une ingénieure agronome belge en visite au Québec qui fait maintenant équipe avec lui depuis 15 ans.

POURSUIVRE MALGRÉ LES EMBÛCHES

Les dernières années ont permis de raffiner les processus de production afin d'assurer une qualité constante et de mieux utiliser les ressources. Un produit avait été momentanément retiré de la vente parce qu'il ne correspondait pas au goût recherché ; il fait partie actuellement des réussites. Une boutique de produits du terroir a été créée à Auclair, où l'on trouve non seulement les *acers*, mais aussi d'autres produits de l'érable ainsi que des produits créés en collaboration avec d'autres artisans. Des visites guidées ont été mises au point ainsi qu'un service de cadeaux corporatifs. Des achats de nouvelles parcelles ont permis de doubler le nombre d'érables entaillés. De nouveaux produits sont encore en développement.

Il n'y a pas que les boissons alcoolisées qui font l'objet d'attention. Le sirop, les beurres d'érable, les chocolats et autres délices sont de haute qualité. La présentation des produits, les documents promotionnels et le site Internet démontrent goût et raffinement. L'architecture des lieux est soignée. Il s'agit d'un intérêt particulier du couple. La boutique, les espaces de vinification, les caves et le bistro sont devenus des lieux chaleureux et accueillants. Lié au réseau des Économusées, le Domaine Acer diffuse de l'information aux visiteurs sur les procédés de l'acériculture, son histoire et ses traditions.

Dans la partie du Témiscouata où se situe le Domaine Acer, l'agriculture est en déclin. L'exploitation des forêts est en difficulté. Il n'y a que l'acériculture qui est florissante. Une érablière comme celle du Domaine Acer emploierait un couple à l'année si elle ne s'était pas orientée vers des produits à valeur ajoutée. Aujourd'hui, elle emploie de 7 à 10 personnes, selon les saisons, et constitue ainsi le plus gros employeur d'Auclair. Elle attire des visiteurs qui participent à la prospérité des autres commerces du village.

Nos structures ne facilitent pas le travail des entrepreneurs dans ce type de projets. Ainsi, les boissons alcoolisées provenant des vignes, des vergers ou des érablières du Québec ne peuvent être vendues par des boutiques spécialisées qui seraient leurs lieux de distribution naturels. Ils doivent être vendus uniquement dans certaines foires ou sur leurs lieux de production, dans ce cas-ci, à Auclair, à plus d'une heure de route au sud de Rivière-du-Loup, loin des zones touristiques achalandées. Le Marché des Saveurs du marché Jean-Talon et le marché du Vieux-Port de Québec sont les seuls autres points de vente autorisés. Voilà des restrictions qui ne sont pas favorables au développement de projets régionaux. Lorsqu'on compare le soutien donné au Québec à ce type de productions, qui joue un rôle important dans la mise en valeur des attraits touristiques des régions, à ce qui est fait pour le même type d'activités en Ontario, on ne peut qu'être d'accord avec le président de l'Association des Vignerons du Québec, Charles-Henri de Coussergues, qui affirme que la limitation au développement de la viticulture n'est pas le climat, mais la rigidité des réglementations.

La qualité est le résultat de constantes attentions au Domaine Acer.

Par ailleurs, ce type d'entreprises, qui doit consacrer du temps et des sommes importantes pour assurer la mise en marché de ses produits, doit, comme les érablières qui livrent leur sirop en vrac, payer 0,12 $ la livre de sirop produit à l'office de la Fédération des producteurs acéricoles du Québec qui gère la mise en marché des grands volumes de sirop. Les entreprises qui ont fait preuve d'innovation sont donc obligées de payer deux fois leurs frais de mise en marché ! Difficile, dans ces conditions, d'assurer la rentabilité et de poursuivre l'innovation.

Ajoutons à cela le fait que les normes en tout genre, telles celles de la Commission de la santé et de la sécurité du travail, sont les mêmes pour les très grosses entreprises que pour les petites, que l'éloignement des grands centres ajoute divers frais à des entreprises comme le Domaine Acer, et on a une bonne idée des défis que rencontrent les innovateurs. Vallier Robert affirme « qu'il n'y a pas d'incitatifs à innover, à être autonomes et à entreprendre. »

VERS DE NOUVELLES RÉALISATIONS

Comme plusieurs créatifs, Vallier Robert ne se satisfait pas de ses réussites. Il est toujours sur le qui-vive et se demande avec émotion pourquoi il résiste, pourquoi il veut encore créer du nouveau pour son entreprise et pour sa région. « Pour avoir du pouvoir sur notre vie et sur notre avenir », répond Nathalie. « Je trouve tout de même qu'on est trop portés à se contenter », argue Vallier. Il rêve d'un grand réseau de gens comme lui, qui développeraient des projets qui « changeraient la terre ». Il y a une trentaine d'années, le village d'Auclair s'était joint à ceux de Saint-Juste et de Lejeune afin de former la Coopérative de développement du JAL, qui s'était donné comme mission d'éviter la fermeture des trois villages. La population, « indignée » alors par les projets gouvernementaux, avait pris son destin à bras-le-corps. Vallier, jeune à cette époque, a gardé de cette période un esprit de défense, un idéal à réaliser. Sa mission ne consiste pas à fabriquer des produits, aussi originaux et raffinés soient-ils. Il veut créer davantage.

Vallier et Nathalie ont déjà fait beaucoup pour donner à l'érable la place qui lui revient dans l'univers de la gastronomie. L'entreprise qu'ils ont créée a atteint une maturité où leurs talents se sont harmonisés. Vallier mijote d'autres projets pour sa région où l'érable peut tenir une place. Un créateur, ça ne s'arrête et ça ne se satisfait jamais ! Dans un monde où l'on « se contente », c'est un ferment indispensable.

ODE aux ENTÊTÉS ET aux AVENTURIERS

Que serait devenue la région de Dunham qui attire des milliers de visiteurs qui y profitent de la route des vins si Christian Barthomeuf n'y avait pas planté les premières vignes? Que serait devenue L'Isle-aux-Grues si la Société coopérative n'avait pas pris la décision de fabriquer des fromages fins afin d'assurer sa survie et celle de la vie économique de l'île? Que serait Charlevoix si des gens courageux et visionnaires comme les Labbé et Lucie Cadieux n'avaient pas pris les choses en main pour ne pas que l'agriculture y meure?

Que seraient nos campagnes sans l'agriculture? Sans l'agriculture québécoise, nous aurions tout ce qu'il faut pour nous nourrir. Déjà, notre panier d'épicerie est rempli à 50 % de produits venant de l'extérieur. Ce pourcentage pourrait augmenter sans nous faire souffrir. Il est certain que, sans agriculture, il n'y a pas de nourriture. Mais l'agriculture pourrait être pratiquée ailleurs et nous aurions le ventre plein. Notre agriculture est trop petite et recèle trop de potentiel pour servir uniquement à nous nourrir.

Si notre agriculture disparaissait, ce que nous perdrions est plus important que la quantité de produits que nous devrions importer. D'abord, il y a la qualité des produits. Nous avons pour certains produits des garanties de qualité difficiles à imposer à des produits importés, et c'est sans parler de les vérifier. La somatotrophine, une hormone utilisée aux États-Unis et qui stimule la production laitière, est interdite au Canada. Notre porc et notre poulet sont produits selon des normes plus élevées qu'aux États-Unis et en Chine.

Si notre agriculture disparaissait, nous aurions un pays ennuyant où il ne serait pas intéressant de se promener. Charlevoix, l'Estrie, le Kamouraska attirent parce que les paysages marqués par l'agriculture y sont très différents, parce que l'architecture datant des différentes époques de colonisation y est particulière, parce que les cultures pratiquées y sont variées. Les vignobles, les agneaux au pré nous incitent à découvrir notre pays et attirent des gens de l'extérieur.

Si notre agriculture disparaissait, nos régions se videraient, car, si l'agriculture emploie actuellement moins de 2 % de la population active, elle crée beaucoup d'emplois en raison des services qu'elle requiert : fournisseurs de semences et d'engrais, de machinerie, de transport, d'emballage, etc. L'agriculture forme la trame du tissu économique et social de nos régions et, là où elle s'étiole, les régions souffrent.

Si notre agriculture disparaissait, nous perdrions aussi ces valeurs séculaires dont les familles agricoles sont encore dépositaires : cet équilibre, ce patient travail avec la nature, cette façon de voir les choses à long terme. Un certain système de pensée tente de faire perdre ces valeurs aux familles agricoles pour les orienter vers le profit à court terme, mais leur vraie nature ressort de différentes manières, comme nous le constatons au fil des 20 expériences que nous relatons dans cet ouvrage.

Les agriculteurs écoutent... et font à leur tête ! Pour le meilleur et pour le pire ! Et c'est très bien ainsi. Si les agriculteurs du Québec avaient tous adhéré à la vision à court terme qu'on leur propose, la situation actuelle serait pire encore. Ils ne feraient actuellement que deux ou trois productions pour lesquelles, sur le plan mondial, nous sommes de moins en moins compétitifs. Certains de ceux qui ont suivi ces conseils sont actuellement en grandes difficultés, notamment dans la production porcine. D'autres feront face aux mêmes désillusions.

Heureusement, il y a eu des têtes dures, des originaux, des délinquants ! Heureusement, il y a des agriculteurs qui sont encore maîtres chez eux et qui en profitent. Les multinationales veulent leur imposer leurs semences ; les gouvernements, leurs programmes ; leur syndicat, ses règlements ; mais il y a toujours quelqu'un pour résister. Tant qu'ils resteront maîtres de leurs décisions, une certaine idée de la démocratie sera sauve.

Une seule personne peut à elle seule changer beaucoup de choses. Les produits de notre forêt boréale prendront bientôt le chemin de l'Asie. L'entêtement de Lucie Cadieux fait en sorte qu'une formule de valorisation de nos produits distinctifs est en train de faire des petits et que des Américains la regardent d'un œil attentif ; le cidre de glace de Christian Barthomeuf enrichit notre gastronomie, soutient notre pomiculture; Vallier Robert sublime notre produit emblématique national; l'idée d'André Nault de relier producteurs et consommateurs par Internet s'est répandue dans tout le Québec; les convictions de Jean-Pierre Léger propulsent l'aviculture; la vision des Labbé fait renaître une race patrimoniale et revivre des fermes familiales...

Des projets locaux ou régionaux ont un impact national et international. Nos fromageries artisanales vendent leurs produits dans tout le Canada; elles gagnent des prix dans des compétitions de haut calibre, les Moulins de Soulanges sont sollicités par des Chinois...

Ces projets ont presque tous commencé à l'échelle d'une entreprise par l'action d'une ou deux personnes qui ont suscité des collaborations. Ils ont une influence sur la vie économique de plusieurs régions, sur les pratiques agronomiques à venir, nos exportations, la biodiversité, notre alimentation et notre santé, nos attraits touristiques, la qualité de notre environnement, voire notre identité...

Ces gens ont tous su sortir du cadre étouffant dans lequel se trouve actuellement l'agriculture du Québec, cadre qui les empêche d'innover, qui les oblige à réclamer de plus en plus d'aide que les gouvernements ne peuvent plus fournir parce qu'ils ont bien d'autres besoins à combler. Le Québec a toujours produit de ces aventuriers qui ont considéré l'Amérique du Nord comme leur territoire. Depuis quelques décennies, l'agriculture compte sur des originaux qui dépassent le cadre qui leur est proposé et voient le monde comme leur terrain d'exploration tout en restant bien ancrés dans leurs terres. Ce sont ces gens qui bâtissent l'avenir. Notre avenir.

Il y a des gens qui cherchent tout le temps, pour lesquels apprendre est un plaisir. Il y en a plusieurs parmi ceux présentés dans ces pages. En voici d'autres pour qui le développement de leur entreprise va avec celui de leurs connaissances et de leurs compétences. Certains apportent des connaissances techniques qui transforment leur domaine. Pour d'autres, le développement dépasse largement le domaine technique. Il touche aussi à la qualité des êtres humains et à leur capacité de bonheur.

DANIEL GOSSELIN ET SUZANNE DUFRESNE : SORTIR DU CADRE

Du champ jusqu'au fromage, cette petite entreprise laitière et fromagère s'est taillé une place enviable en se distinguant par sa modernité, son authenticité et son apport au paysage rural québécois.

Daniel Gosselin et Suzanne Dufresne
Au Gré des Champs
Saint-Jean-sur-Richelieu
Ferme laitière et fromagerie
certifiées biologiques.

La Fromagerie Au Gré des Champs, telle qu'on la connaît aujourd'hui, appartenait au père de Daniel Gosselin. Monsieur Gosselin père a toujours eu un emploi à l'extérieur, ce qui explique que la ferme est toujours restée de dimension modeste : 70 hectares, quelques animaux dont un petit troupeau laitier composé d'une vingtaine de vaches. C'était amplement pour le tenir occupé. Cela dit, la ferme avait fière allure. À preuve, en 1942, la ferme avait remporté la médaille d'or de l'Ordre du mérite agricole. Quarante ans plus tard, la ferme a reçu la médaille de bronze, puis d'argent au même concours, avec la même superficie en culture et un troupeau à peine plus gros que celui de 1942. Si cette ferme a conservé sa taille, elle a subi une métamorphose qui n'est pas encore terminée. En faisant preuve d'innovation dans la production la plus traditionnelle du Québec, soit le lait, la Fromagerie Au Gré des Champs a réussi à mettre le rang Saint-Édouard de Saint-Jean-sur-Richelieu sur la carte des meilleurs fromages d'Amérique du Nord. Située dans une zone d'intensification agricole, l'entreprise a aussi contribué à redéfinir le paysage avoisinant. Il ne s'agit pas d'un retour nostalgique dans le passé. L'entreprise est tout à fait actuelle. Elle a su intégrer harmonieusement la modernité à son environnement. On ne pourrait tout simplement plus imaginer le rang Saint-Édouard sans cette petite entreprise.

UNE ÎLE BIO DANS UNE MER D'OGM

Daniel Gosselin a acquis la ferme paternelle en 1989. Il avait étudié l'agriculture au cégep de Saint-Jean-sur-Richelieu et s'est consacré à la ferme dès son acquisition. « C'était dur. J'en ai travaillé un coup. » C'est le salaire de sa conjointe Suzanne, informaticienne à la Commission scolaire de Saint-Jean-sur-Richelieu, qui les faisait vivre, car la ferme n'était tout simplement pas rentable. Certains ont dû dire qu'elle n'était pas assez grande pour faire vivre son monde. Daniel faisait une autre lecture de la situation. « J'aimais bien la dimension de ma ferme et je n'ai jamais souhaité prendre de l'expansion. » C'est bien ainsi, car la croissance était de toute évidence impossible. La ferme est entourée d'autres fermes imposantes : 1 000 hectares d'un côté, 700 hectares de l'autre. Des terres, il n'y en avait plus de disponibles.

Dès le départ, Suzanne et Daniel se sont intéressés au bio. « Ce n'était pas une question d'idéologie, mais plutôt une question d'économie. » En passant au bio, le coût de plusieurs intrants, pesticides, engrais de synthèse et autres était éliminé.

Daniel Gosselin et ses «demoiselles à quatre pattes». «La composition des plantes fourragères qu'elles mangent donne une personnalité unique à leur lait. C'est là que commence l'histoire de nos fromages.»

Au Gré des Champs est officiellement bio depuis 1995. Si on consulte la petite histoire québécoise du bio, Daniel Gosselin et Suzanne Dufresne y font figure de pionniers, surtout dans le domaine de la production laitière. Le fait qu'ils soient entourés de maïs et de soya génétiquement modifiés a créé une contrainte qui, en fin de compte, les sert bien. Afin d'éviter le mélange de plantes génétiquement modifiées dans leurs champs, ils se sont tournés vers des cultures différentes, des légumineuses et des céréales, comme le blé, qui distinguent leur lait et, par la suite, leur fromage. Au Gré des Champs est ainsi devenue une enclave de production et de transformation biologique.

« On maîtrisait quand même bien la production laitière, il fallait trouver la manière de faire mieux avec moins. De là est venue l'idée de faire des fromages avec notre lait. » Si cette idée semble des plus cohérentes aujourd'hui, il faut la replacer dans son contexte pour comprendre toute l'originalité de la chose. Nous sommes au début des années 1990, l'agriculture québécoise est en mode expansion et met le cap sur les marchés mondiaux. Pour plusieurs, la non-croissance, le bio et la transformation à la ferme, ce n'était pas sérieux. Malgré leur marginalité, Daniel et Suzanne se sentaient sûrs de leur choix. Premièrement, ils avaient élaboré un si bon plan d'affaires que, malgré la marginalité du projet, ils ont passé avec succès tous les interrogatoires les menant au financement de leur entreprise.

De plus, ils se sont formés. De leur propre chef, ils ont recruté d'autres agriculteurs et ont organisé un cours sur la fabrication de fromage avec un spécialiste reconnu, André Fouillet. L'influence de cet homme s'est fait sentir bien au-delà du cadre de la fabrication fromagère. Pour ce spécialiste, la vie d'un fromage commence au champ. « Nous avions des vaches Holstein. Monsieur Fouillet disait que ça pouvait aller, mais ce n'était pas la race idéale pour ce qu'on voulait faire. Puis il y avait les silos. Ça, ça n'allait pas du tout avec les fromages qu'il avait en tête. Avant même d'ouvrir la fromagerie, on a éliminé l'ensilage dans l'alimentation du troupeau et on a fait rentrer nos premiers sujets de race Suisse brune. » On les appelle « les demoiselles à quatre pattes » à la Fromagerie Au Gré des Champs. Chacune a un nom qui lui va bien. Quelques-unes ont des cloches au cou pour mettre un peu d'ambiance au pâturage, car elles y vont et elles aiment ça. Quand Daniel leur dit : « On s'en va dehors, les filles », elles comprennent et ne se font pas prier pour sortir. Même l'hiver, elles ont droit à une récréation de 13 heures à 15 heures. « Mes vaches sont heureuses. Aller dehors, c'est bon pour leur forme et pour leur moral. La Suisse brune est une vache qui aime aller au pâturage et je trouve qu'elle cadre très bien avec la philosophie de la ferme. » Ça se voit, d'ailleurs. Elles sont vives, mais pas nerveuses. Elles sont curieuses aussi et viennent à la rencontre du visiteur. Ce sont des bêtes plus petites que les Holstein, mais costaudes quand même. Leur production est plus modeste, soit de 30 % inférieure à celle de la Holstein. « La performance laitière ne m'a jamais impressionné. Je ne suis pas un exploitant agricole. Je n'exploite rien : ni mes sols ni mes vaches. Je suis un fermier, je prends soin de ma ferme. Je serai ici 50 ans, peut-être, qu'est-ce que c'est quand on regarde ça avec un peu de recul ? Un claquement de doigts. Je veux que l'environnement soit en aussi bonne condition, sinon meilleure, pour ceux qui suivront. » Décidément, Daniel Gosselin est hors norme.

Les composants du lait font partie des choses qui le font vibrer. Le lait des Suisses brunes est fromager. Avec la même quantité de lait, un lait particulièrement riche en protéines et en matière grasse, il obtient 2 % plus de fromage qu'avec le lait de la Holstein. Ce sont les molécules de gras qui portent les arômes des herbages qu'on retrouve dans les champs. C'est donc ainsi, au gré des champs, que leurs fromages offrent ces saveurs qui les distinguent de tous les autres fromages.

DES ROTATIONS ÉPROUVÉES

Dans les champs, les années se suivent, mais ne se ressemblent pas vraiment parce qu'on y fait des rotations. Les rotations compliquent la vie aux mauvaises herbes, aux insectes ravageurs et aux maladies, ce qui est très important lorsqu'on n'utilise ni herbicide, ni insecticide, ni pesticide. Daniel travaille ses rotations depuis 20 ans et est fier de dire que sa recette fonctionne quasi parfaitement. « Cette rotation, c'est comme une religion. Quand on n'a pas recours aux herbicides, il faut user de stratégie. Je sème du seigle d'automne ou du blé la première année, suivi de soya, plante qui n'est pas particulièrement compétitive et qui se fait envahir facilement par les mauvaises herbes. Je passe le vibroculteur à deux ou trois reprises au printemps pour éliminer les indésirables et réchauffer le sol. Le soya étant une plante de climat chaud, je la sème peut-être un peu plus tard, mais elle se lance dans sa croissance plus rapidement. Et là, elle prend le dessus sur les mauvaises herbes. On fait aussi du sarclage mécanique. La troisième année, on sème des grains mélangés : avoine, blé, pois et autres végétaux qui deviendront la base des prairies et des pâturages, échelonnés sur trois années consécutives. » Pour une rare fois, Daniel est avare de détails quant à la composition de ses prairies. Les herbes aromatiques qui en font partie apportent la touche finale au lait et, ultimement, aux fromages. Suzanne et lui gardent le secret afin de protéger la personnalité de leurs fromages. L'espionnage industriel touche aussi les microentreprises !

L'alimentation des demoiselles à quatre pattes n'est pas aussi énergétique que si leur ration était à base de maïs. D'une part, ce n'est pas le but recherché et, d'autre part, la culture du maïs ne fait plus partie du programme de la Fromagerie Au Gré des Champs.

Daniel Gosselin le dit lui-même, il réussit bien ses cultures. « Qu'elles soient diversifiées, ça fait en sorte que je ne rate jamais mon coup. Les meilleurs rendements de l'une compensent les faiblesses d'une autre. Le risque est partagé. J'arrive très bien. Quand on ne fait que du maïs ou du soya, quand ça va mal du point de vue température ou prix du marché, c'est plus difficile. »

LA RÉCOMPENSE DU TRAVAIL BIEN FAIT

La Fromagerie Au Gré des Champs vend 20 % de ses fromages à la ferme. Même par un samedi froid et pluvieux, ça ne dérougit pas. La sonnerie qui indique qu'un client passe la porte se fait entendre sans relâche. C'est comme ça depuis l'ouverture de la fromagerie en 2000. Le rang Saint-Édouard est un lieu de convergence pour amateurs de fromages fins. Les Gosselin-Dufresne en sont heureux. « Ça roule bien, cela dit, on ne reste pas assis. Le monde du fromage est un secteur compétitif, il faut toujours chercher à faire mieux. On est à repenser l'image de notre boutique à la ferme de façon à ce qu'elle reflète mieux notre produit. On veut augmenter nos ventes à la ferme. C'est la meilleure façon d'offrir les meilleurs prix à nos clients et d'avoir de meilleurs profits pour nous. » Les esquisses du futur concept démontrent le raffinement, la modernité, le bon goût.

En relativement peu de temps, cette petite fromagerie de rang a cumulé des prix qui font l'envie des plus grands : des Caseus d'or, d'argent, de bronze, une deuxième place à l'American Cheese Society dans la catégorie fromage à pâte molle. Une reconnaissance rend Daniel particulièrement fier : en 2010, leur entreprise s'est classée parmi les 3 premières au Québec dans la catégorie agricole lors d'un concours d'entreprenariat organisé par le Mouvement Desjardins. « Quand on a présenté notre plan d'affaires en 1995, pas grand monde ne croyait en nous, mais on a travaillé et on a prouvé que ce projet tenait la route. » En fait, leur projet se démarque à bien des égards. L'approche bio, la vente à la ferme de produits à haute valeur ajoutée, le rayonnement d'une si petite entreprise sur la communauté proche, mais aussi sur l'ensemble de la filière laitière, tout cela est une preuve éloquente qu'un développement durable en agriculture est possible et fait vivre son monde. En réalité, Au Gré des Champs emploie plus de gens que bien des fermes de grandes dimensions. Daniel s'y consacre depuis le début. Suzanne le suit de près en matière d'ancienneté. Elle en couvre large : c'est la gestionnaire, la créatrice, la superviseure. Bref, elle est partout à la fois. Trois autres employés sont en poste depuis plusieurs années : le fromager Stéphan Massad, l'affineuse Diane Perras ainsi que Lise Pelletier, une chef cuisinière retraitée des Forces armées canadiennes, à qui on n'apprend rien du point de vue hygiène et salubrité des aliments. « Quand on fait des fromages de lait cru, le respect de la matière première, de sa nature, de l'environnement de travail, c'est déterminant. Au Gré des Champs, c'est petit, mais c'est sérieux. Nous avons un permis unique au Canada et sans doute en Amérique du Nord pour fabriquer des fromages de lait cru ayant moins de 60 jours d'affinage. Nous sommes l'une des premières petites fromageries à avoir eu son propre laboratoire de contrôle de la qualité. Nous faisons faire aussi des analyses complémentaires à l'extérieur. »

CINQ FROMAGES, CINQ HISTOIRES À SUCCÈS

C'est sur cette base que l'on crée et orchestre la fabrication de cinq fromages différents et complémentaires. Chacun a sa personnalité, chacun a sa raison d'être et se rattache au territoire environnant de Saint-Jean-sur-Richelieu, en commençant par Le D'Iberville. Le Péningouin tient son nom d'une vieille expression du coin adaptée de l'anglais, *penny and going*, faisant référence au paiement d'un droit de passage sur le rang. Le Pont-Blanc réfère à un pont chaulé qui faisait le lien entre Saint-Jean-sur-Richelieu et le vieil Iberville ; il a remporté la deuxième place de sa catégorie au concours de l'American Cheese Society. Il y a Le Gré des Champs qui fait référence à la ferme, Le Monnoir, du nom de la seigneurie où se trouve la fromagerie, mais aussi au mont Saint-Grégoire, couvert de conifères qui lui donnent une couleur noire même en hiver. Ce fromage tient un rôle de soutien : après les fêtes, les ventes de fromages diminuent. Les vaches, elles, n'arrêtent pas de produire. On utilise leur lait pour faire un fromage que l'on affine sur une plus longue période : de six à huit mois. Autre particularité, on indique sur Le Gré des Champs et Le D'Iberville s'il s'agit d'une édition d'été ou d'hiver. L'alimentation des vaches n'étant pas la même, le goût du fromage varie. Les clients aiment bien goûter cette différence. « Nous faisons des fromages fermiers ; autant afficher cette différence saisonnière. »

Le parcours de Daniel Gosselin et Suzanne Dufresne constitue une histoire à succès nouveau genre en agriculture. Ils ont ouvert la voie à une nouvelle façon de faire dans le plus traditionnel des secteurs agricoles. Ce succès repose sur beaucoup de travail, bien planifié et bien réfléchi. « On a toujours été ouverts à recevoir des conseils ;

ce qui ne veut pas dire qu'on les suit aveuglément. On analyse. Dès le début, on a consulté pour notre plan d'affaires, puis, en période de croissance, on ne voulait pas perdre le contrôle de la situation, alors on a de nouveau fait appel à un consultant. À un autre moment, on a aussi été chercher un mentor spécialisé en affaires, quelqu'un d'expérience qui nous a appris plein de choses qui nous servent encore. Une excellente expérience. »

Un parcours riche qui, malheureusement, passe plutôt inaperçu chez leurs pairs. « Je vous dirais que les agriculteurs conventionnels ne me considèrent pas comme un vrai agriculteur. Pourtant, j'en suis un dans l'âme. On ne sait pas et on ne comprend toujours pas ce qu'on fait chez nous. » Cette fromagerie apporte pourtant beaucoup de vie à la communauté et au paysage avoisinant. Sans elle, il n'y aurait que des champs à perte de vue, des bâtiments, parfois en désuétude, tenant lieu d'entrepôts pour grosse machinerie.

Des étudiants en agriculture viennent la visiter et repartent avec des idées nouvelles. « Je sème des graines. » Certaines ont besoin d'une période de froid intense, d'autres d'un feu ou de l'érosion du temps pour germer. C'est une œuvre de patience que de changer la terre. En attendant, à la fromagerie, on s'affaire à démouler les meules en regardant passer les demoiselles à quatre pattes par la fenêtre. Elles transforment les herbes en lait aromatique. Ainsi va la vie au gré des champs et des années.

JEAN-MARTIN FORTIER ET MAUDE-HÉLÈNE DESROCHES :

IMPORTER DU SAVOIR POUR RÉPONDRE À DES BESOINS

Jean-Martin Fortier et Maude-Hélène Desroches démontrent qu'une agriculture à petite échelle est viable, profitable et contribue à la diversification de l'agriculture. Cette ferme constitue un modèle pour la relève agricole.

Jean-Martin Fortier et
Maude-Hélène Desroches
Les Jardins de la Grelinette
Saint-Armand
Production biologique intensive, jardinage commercial.

Alors que les syndicats agricoles réclament toujours plus d'aide et qu'ils mesurent la reconnaissance de leurs concitoyens à l'égard de leurs membres en dollars versés par le gouvernement, Jean-Martin Fortier des Jardins de la Grelinette ne souhaite pas trop d'aide financière. Par contre, il reçoit chaque semaine beaucoup de reconnaissance de la part de la clientèle envers son travail. Lui et sa conjointe, Maude-Hélène Desroches, ont créé un type d'entreprises agricoles rares au Québec, mais bien implantées ailleurs : des jardins bios intensifs auxquels ils donnent le nom de jardinage commercial. Leur ferme n'a que quatre hectares, dont moins d'un est cultivé. De grands jardins potagers entourent leur maison et leur atelier, un ancien clapier qu'ils ont transformé eux-mêmes.

Ces deux diplômés de McGill en développement durable voulaient contribuer à la construction d'un monde plus vert et, après leurs études, sont partis en voyage d'exploration au Mexique, à Cuba et dans le Sud-Ouest américain afin de trouver comment ils pourraient y arriver. C'est là qu'ils ont découvert des pratiques agronomiques permettant une production intensive, non mécanisée, biologique, répondant à une demande des consommateurs. À Saint-Armand, ils cultivent les légumes en rangs serrés sur des espaces de culture permanents, sarclés à la binette et fertilisés avec beaucoup de compost. Lorsqu'on utilise un tracteur, on doit espacer les rangs afin de laisser passer celui-ci. C'est l'outil qui utilise l'espace. En évitant le tracteur, ces jardiniers évitent aussi la compaction des sols. Ceux-ci gardent leur fertilité parce qu'on prévoit un plan de rotation des cultures qui alterne les plantes exigeantes et moins exigeantes. Chaque espace cultivé de cette petite entreprise produit ainsi au maximum.

UNE IMPORTATION RÉUSSIE

« Nous n'avons rien inventé, affirme Jean-Martin. Nous ne faisons rien que nous n'avons pas vu réussir ailleurs. Il y a des fermes semblables depuis 40 ans en Californie et au Nouveau-Mexique. Elles vendent leur production dans de nombreux marchés et sont en lien permanent avec leur clientèle qui recherche ces genres de produits. C'est ce qu'on a voulu faire à la Grelinette : répondre à un besoin. Actuellement, on pourrait vendre cinq fois notre production. Nous, on ne veut pas l'augmenter beaucoup, car ça nous mènerait à un surplus de travail ou à une mécanisation que nous ne voulons pas. On préfère se développer en perfectionnant toujours nos méthodes. On vit bien avec notre entreprise. La ferme est rentable depuis la première année. On travaille fort, mais on a trois mois de repos l'hiver, pendant lesquels on fait toujours un voyage d'exploration. Nous avons deux enfants. On est bien logés, on mange bien, on peut mettre de l'argent de côté. On vit à notre goût, on ne dépend d'aucune subvention, on ne peut pas être mis à pied... »

Le discours de Jean-Martin exprime constamment la satisfaction. Avec un modèle de ferme aussi original, a-t-il eu à lutter afin d'avoir accès à la prime à l'établissement agricole comme les autres agriculteurs ? « Il n'y a pas eu de lutte. Il a fallu s'expliquer et présenter un plan d'affaires. Ça se comprend, personne n'avait de données comparables pour évaluer notre projet. Il fallait donner des outils aux spécialistes et, pour cela, aller chercher de l'information. C'est la raison pour laquelle nous avons rendu disponible notre plan d'affaires à ceux qui voudraient entreprendre des projets semblables au nôtre. Après que La Financière agricole eut accepté de nous octroyer les primes à l'établissement, la Commission de protection du territoire agricole nous a permis d'habiter sur notre lot, et les autres programmes nous ont été offerts. Nous avons maintenant la possibilité de bénéficier de l'assurance-récolte, ce que nous n'avions même pas demandé. Il y a des gens qui y ont pensé pour nous. Au Québec, de l'aide, il y en a. » Y en a-t-il trop ? « Il faut de l'aide au démarrage. Mais après, si ce n'est pas rentable, pourquoi on fait ça ? Trop d'aide, ce n'est pas mieux. Il me semble que le gouvernement devrait davantage stimuler la demande plutôt que de financer l'offre. Sans mettre de barrières, il devrait promouvoir la production locale, soutenir la diversification. »

Après quelques années seulement, Les Jardins de la Grelinette ont acquis de la crédibilité auprès des organismes agricoles. En 2008, ils ont été récompensés par la Financière agricole qui leur octroyait un prix dans le cadre de son concours « Tournez-vous vers l'excellence ! »

Comment se fait-il, s'il y a de la demande et s'il est possible de développer de tels projets avec succès, que le secteur bio stagne au Québec ? « En épicerie, les produits bios sont très chers. Ces produits viennent parfois de très loin. Par ailleurs, pendant

Pas de mécanisation, beaucoup de travail manuel et une production intensive.
« On vit à notre goût, on ne dépend d'aucune subvention. »

la saison, les produits importés se vendent parfois à perte par les chaînes. Les moyens de mise en marché que nous avons choisis nous permettent d'offrir un produit à prix constant. Parfois, il est plus cher qu'en épicerie, parfois moins. Sur la saison entière, nos clients habituels du marché paient leurs produits bios à des prix très raisonnables. Il n'y a pas que les gens riches qui s'en procurent. Ceux qui prennent les paniers hebdomadaires paient 500 $ pour 600 $ de produits. Les producteurs qui sont loin des marchés ne peuvent pas avoir une clientèle directe et constante comme nous. Comme ils n'ont pas de capitaux énormes, ils ont souvent choisi des régions où les terres ne sont pas chères, mais s'il n'y a pas de marché, ça ne va pas. Il faut répondre à une demande. »

UN MODÈLE BASÉ SUR LA CONNAISSANCE

Ce qui soutient la production des Jardins de la Grelinette, ce sont les connaissances qui y sont constamment intégrées. Jean-Martin et Maude-Hélène visitent régulièrement les meilleures fermes dans leur domaine, au Vermont, en France, en Californie. Ils prévoient se rendre bientôt au Japon et restent en contact avec leur mentor, Eliot Coleman qui, à près de 80 ans, continue à cultiver. Ils accueillent des stagiaires qui viennent apprendre, mais qui, bien sûr, apportent aussi des points de vue nouveaux. Ils échangent avec leur voisin des Jardins de Tessa, qu'ils considèrent comme un des meilleurs jardiniers bios au Québec, et ils profitent des connaissances des agronomes Anne Veil, Philippe-Antoine Taillon et André Carrier, dont ils estiment les compétences. Ils utilisent les outils conçus par Denis Lafrance, un défricheur du bio au Québec. La relation directe avec les clients est aussi source de connaissances. « C'est la relation avec le marché qui nous rend créatifs », affirme Jean-Martin.

« Chaque année, notre chiffre d'affaires augmente de 15 % et nos coûts n'augmentent pas. Nous voulons nous servir de cela pour faire mieux. Chaque année, on apprend. On sait maintenant que notre modèle marche. Cette année, nous ferons l'expérience de production d'épinards d'hiver dans une serre non chauffée. Ça donne un produit très sucré. Nous avons encore plein d'expériences à faire. Avec la fin du pétrole à bon marché, on assistera peut-être à une multiplication des petites fermes comme la nôtre. Ça pourrait devenir une politique. Pourquoi pas ? »

Défend-il ce modèle ? « Je profite des occasions pour dire ce que je pense, mais je ne suis pas très actif dans les différents organismes agricoles. Je considère le monosyndicalisme comme catastrophique, mais ce qui me ferait entreprendre une lutte, c'est la menace que constitue l'utilisation des OGM à proximité des productions bios. Nous devons maintenir une bande tampon entre les productions traditionnelles et les productions bios. Ce sont les producteurs bios qui l'assument entièrement. C'est-à-dire que c'est nous qui perdons un espace que nous devons entretenir, mais sur lequel nous ne pouvons produire. Je l'accepte. Mais je ne veux pas voir de productions OGM à proximité, car il pourrait y avoir contamination. Actuellement, nous ne sommes pas protégés. Sur cette question, les gens ne réfléchissent pas assez. C'est une question de souveraineté sur notre territoire. »

Jean-Martin et Maude-Hélène élaborent ici un modèle qui marche et dont ils peuvent vivre longtemps. Chaque semaine, leurs clients les remercient pour la qualité de leurs produits. Ils créent une forme d'agriculture à laquelle ils croient et en font profiter d'autres, comme ils ont bénéficié de l'expérience des autres. Ils inspirent ceux qui veulent créer ce type d'entreprises et qui ont de la difficulté à les rendre viables. Ils prouvent que *small* peut être *beautiful*.

Chaque semaine, Jean-Martin et Maude-Hélène reçoivent la reconnaissance de leurs clients.

ANDRÉ GOSSELIN :
LE CHERCHEUR ENTREPRENEUR

Professeur, chercheur et innovateur, André Gosselin a fait de l'horticulture maraîchère et fruitière un domaine d'avenir pour l'agriculture québécoise. Ses réalisations contribuent à la sécurité alimentaire du Québec.

André Gosselin
Professeur titulaire,
faculté des sciences de l'agriculture
et de l'alimentation
Université Laval

Pour prendre la mesure du genre de travail que mène André Gosselin, chercheur et directeur fondateur du Centre de recherche en horticulture de l'Université Laval, il faut se rappeler qu'à une époque pas très lointaine nous n'avions en hiver que des tomates sans goût dont la texture se rapprochait étrangement de celle du caoutchouc : elles venaient de très loin et avaient mûri en chemin. Si nous avons maintenant dans nos épiceries des tomates de serres produites au Québec toute l'année, c'est grâce aux travaux de recherche menés par son équipe. Pendant toute sa carrière, André Gosselin a travaillé à allonger la période de production des fruits et légumes chez nous, de la façon la plus écologique possible et dans des conditions économiquement viables. En cours de route, il a ajouté la préoccupation santé à ces considérations initiales. De nombreuses innovations qui contribuent à notre sécurité alimentaire portent sa signature et celles des équipes qu'il a constituées.

UNE PREMIÈRE MONDIALE À PORTNEUF

La première serre à éclairage artificiel pour la production de légumes dans le monde est celle de Savoura à Portneuf. Il en était alors le copropriétaire et avait réalisé les recherches ayant permis de la mettre en production. Depuis, d'autres se sont construites au Québec, et la technologie a été exportée dans les pays scandinaves, en Hollande, en France, en Belgique et aux États-Unis. On y utilise l'éclairage photosynthétique, un éclairage intense qui exige beaucoup d'énergie. La mise au point de cette technologie répondait à une demande d'Hydro-Québec qui faisait face alors à un surplus de production d'électricité, qui cherchait des utilisations nouvelles et qui était prête à offrir des tarifs intéressants pour les utilisateurs hors des périodes de pointe. Maintenant, d'autres sources d'énergie remplacent progressivement l'hydroélectricité dans les serres, et Savoura est devenue un chef de file dans l'utilisation des biogaz.

Au moment du lancement de la production, les acheteurs ne croyaient pas qu'il serait possible de fournir aux supermarchés des tomates du Québec pendant tout l'hiver. La même technologie permet pourtant aujourd'hui de produire chez nous des concombres, de la laitue et des poivrons, ce dont de nombreux producteurs ont profité. Le Québec est même devenu le plus gros producteur de laitue hydroponique au

André Gosselin inaugure les serres dites « électrotechnologies » en 1990 avec ses partenaires financiers.

Canada. C'est un bel exemple de l'amélioration de notre autonomie alimentaire. Même si ces productions sont soumises à la compétition des produits du Mexique qui arrivent ici à meilleur prix, il y a des consommateurs qui privilégient ces produits de qualité différente, car la production sous serres québécoises a, entre autres, remplacé les pesticides par la lutte intégrée, une technique qui utilise la prédation naturelle des espèces telle qu'on peut l'observer dans la nature. Ces consommateurs sont aussi sensibles au fait qu'il vaut mieux acheter des aliments produits localement.

UN SAVOIR ANCRÉ DANS L'EXPÉRIENCE DE PRODUCTION

André Gosselin est né dans une ferme de l'Île d'Orléans et vit à la ferme familiale où l'on cultive des fraises et des framboises. Dans la production de fraises, il a réalisé des recherches permettant d'allonger la période de production à quatre mois alors qu'elle ne dépassait pas un mois il y a quelques années. La technologie qu'il a mise au point avec les chercheurs Roger Bédard et Yves Desjardins permet la production continue de fraises et de petits fruits sous de grands tunnels ; elle est maintenant utilisée par de nombreux producteurs, ce qui nous permet de mettre sur notre table, jusqu'en octobre, des fraises fraîches qui n'ont pas traversé le continent.

Ses intérêts de producteur et de chercheur l'ont amené à créer des cultivars à haute valeur nutritionnelle. Il y a quelques années, une équipe multidisciplinaire à la recherche de variétés pouvant améliorer la production de fraises procède à des milliers de croisements dans le cadre d'un projet soutenu par Agriculture et Agroalimentaire Canada. On y cherche des plantes pouvant donner des fruits plus longtemps, avec plus de goût et ayant une bonne texture. En cours de recherche, des analyses montrent une concentration plus forte en antioxydants dans les fruits d'un cultivar qui présente, par ailleurs, des caractéristiques intéressantes. Les antioxydants étant reconnus dans la prévention des maladies cardiovasculaires et inflammatoires, les fruits de ces plantes ont une valeur santé recherchée. Le fraisier d'Orléans et le framboisier Jeanne d'Orléans sont maintenant brevetés au Canada et aux États-Unis, et distribués dans les deux pays. Il s'agit des premiers cultivars de ce type au monde.

Ce que nous appelons maintenant des nutraceutiques, c'est-à-dire des concentrés d'aliments riches qui ont un intérêt particulier pour notre santé, ne sont pas connus depuis longtemps. Au moment où André Gosselin était doyen de la faculté des sciences de l'agriculture et de l'alimentation de 1995 à 1998, Paul Paquin, un professeur de la faculté, était venu lui parler de ce qui, de son point de vue, constituait une voie d'avenir dans le monde de l'agroalimentaire. «Je ne savais pas ce qu'étaient des nutraceutiques, dit-il pour illustrer le chemin parcouru rapidement. J'ai cependant compris que nous devions nous organiser pour accélérer la recherche dans ce domaine.»

La recherche est un travail d'équipe: André Gosselin échange ici avec le professeur Yves Desjardins.

C'est ainsi qu'il a appuyé les spécialistes des Départements de nutrition et de sciences des aliments, et a cherché des sources de financement pour créer un centre de recherche, l'INAF, l'Institut des nutraceutiques et des aliments fonctionnels, qu'il considère comme étant le projet auquel il a contribué qui aura le plus d'impact sur l'avenir. Ce centre de recherche emploie maintenant 300 personnes et est reconnu internationalement. L'INAF a comme objectif de découvrir des composés bioactifs et de créer des ingrédients ou des aliments procurant des bénéfices sur la santé humaine, ce que nous appelons des aliments fonctionnels.

S'il ne connaissait pas les nutraceutiques en 1995, il en est maintenant un chef de file. Avec des partenaires, il crée en 2008 Nutra Canada, qui produit et exporte depuis 2010 des extraits secs de petits fruits biologiques – canneberges, bleuets, fraises et framboises – qui vont enrichir de leurs propriétés antioxydantes des jus, des biscuits, divers produits alimentaires et même des produits de beauté. On prévoit aussi produire des extraits de plantes médicinales et de certains légumes par les mêmes méthodes. La demande pour ces concentrés est surtout américaine pour le moment, mais quelques entreprises québécoises commencent à les utiliser. «Les préoccupations concernant la santé s'accroissent continuellement. Les gens veulent une alimentation saine. Enrichir les aliments d'éléments qui peuvent prévenir des maladies cardiovasculaires et les cancers répond à un besoin. Nous avons une réserve de plantes médicinales indigènes qui sera un jour exploitée. Actuellement, presque toutes les plantes médicinales viennent de l'extérieur, mais les consommateurs se préoccupent de plus en plus de la qualité de ces plantes.»

DES MODES DE PRODUCTION QUI RESPECTENT LES RESSOURCES

Nutra Canada utilise les biogaz provenant d'un site d'enfouissement et des résidus d'aliments comme biomasse de base pour fournir l'énergie dont elle a besoin. De plus, elle recycle ses propres résidus. L'intérêt d'André Gosselin pour les aspects environnementaux de la production ne date pas d'hier. L'une de ses plus belles réalisations est la construction du pavillon Envirotron de la faculté des sciences de l'agriculture et de l'alimentation de l'Université Laval, où 150 chercheurs planchent sur les aspects environnementaux des cultures horticoles, ce qui permet de réduire les pesticides, d'appuyer les cultures biologiques, de valoriser les biomasses et d'améliorer la qualité des espaces en milieu urbain. L'architecture du bâtiment est inspirante : de vastes volumes très éclairés où des aires ont été prévues pour que les horticulteurs ornementaux s'expriment par des arrangements de plantes et de fleurs qui sont modifiés au cours des saisons. L'un des projets de recherche du centre ayant eu le plus d'impacts environnementaux, scientifiques et économiques a été celui qu'André Gosselin a mené avec Serge Yelle pour répondre à un problème posé par le traitement des déchets de l'usine Daishowa à Québec. Plutôt que d'enfouir les déchets, ce qui constituait une solution non écologique, on a conçu des techniques de compostage qui sont encore en usage et que d'autres compagnies papetières ont adoptées.

Beaucoup d'autres recherches ayant transformé les productions horticoles et par conséquent notre alimentation ou notre environnement font partie de la feuille de route d'André Gosselin. Elles portent sur la régie des cultures maraîchères en serre, la valorisation des résidus de fruits et légumes, la culture de la laitue en sols organiques, etc. Il a reçu maintes reconnaissances internationales pour ces travaux. Ces grandes réalisations ne se sont pas faites seules et en vase clos, comme on le reproche parfois aux chercheurs.

Tous les projets cités à son impressionnant curriculum vitae portent la marque d'une collaboration. Collaboration avec d'autres chercheurs, avec des candidats au doctorat, avec des producteurs, avec des entreprises de transformation, avec des demandeurs de recherche qui se sont transformés en mécènes pour ses projets d'envergure. Ainsi, des entreprises, comme Daishowa, Provigo, Petro-Canada, Industries Harnois, ont soutenu la construction de l'Envirotron.

Ses talents pour recruter des partenaires financiers ne sont pas superflus dans une période où les universités n'embauchent presque plus de nouveaux professeurs chercheurs. Cet aspect l'inquiète, car un nombre important de détenteurs de savoirs précieux partiront à la retraite dans les prochaines années. Pourtant, il y a un terrain de recherche immense, en particulier dans le domaine de la production et de la transformation des aliments fonctionnels non seulement dans le domaine des fruits et légumes, mais aussi dans les composants du lait, notre principale production agricole.

Pourquoi lésinons-nous sur les investissements en recherche? Celles qu'ont menées André Gosselin et ses collaborateurs ont créé aux Québec des milliers d'emplois. Elles ont soutenu la prospérité de tout un secteur de notre agriculture. Elles ont apporté sur nos tables des aliments meilleurs au goût et pour notre santé. Elles ont élaboré des techniques qui protègent notre environnement et nos ressources, et qui nous font connaître dans le monde. N'est-ce pas un beau domaine où investir nos ressources collectives?

CLAIRE DESAULNIERS ET ALPHONSE PITTET : UNE ÉQUIPE PHARE DU MILIEU AGRICOLE

Les Pittet ont réalisé leur rêve, celui de développer une grande ferme laitière tout en y intégrant leurs valeurs profondes liées au respect de la vie, de l'humain et de la nature.

Alphonse Pittet et Claire Desaulniers
La Ferme Pittet
Saint-Tite
Ferme laitière de 450 têtes,
300 hectares en culture.

Dans une communication faite lors de la Commission sur l'avenir de l'agriculture et de l'agroalimentaire québécois, Alphonse Pittet déclarait : « Lorsque je remonte à mes souvenirs d'enfant, je suis convaincu que mes objectifs de vie étaient clairs et simples : partager ma vie avec une conjointe, fonder une famille, posséder et exploiter une ferme laitière familiale avec elle. Aujourd'hui, j'ai réalisé mes objectifs et je me suis réalisé. Mais c'est une œuvre en construction permanente. Cette œuvre dépasse ma propre vie sur terre. »

Si Alphonse Pittet et Claire Desaulniers avaient accepté toutes les présidences qu'on leur a offertes, vous les connaîtriez. Si vous faites partie des nombreux organismes agricoles auxquels ils apportent leur contribution, vous les avez remarqués : ils sont remarquables ! Toujours respectueux, ils présentent des points de vue parfois audacieux. Ils ont une façon de communiquer exemplaire : toujours près de ce qu'ils vivent, leurs interventions sont courtes et éclairantes. Ils interrogent plus souvent qu'ils n'affirment.

Ils sont les propriétaires et les gestionnaires d'une ferme de 275 vaches en lactation où la traite se fait par 4 robots. Pas une petite affaire ! Uniquement le permis de produire vaut près de 7 000 000 $. S'y ajoutent les coûts des terres, des bâtiments, des vaches, de l'équipement... La ferme Pittet fait partie de la vingtaine de fermes de cette dimension au Québec. Si elle change la terre, ce n'est pas à cause de la quantité de lait qu'elle produit, bien qu'il s'agisse d'une contribution, c'est que nous avons fréquemment vu Alphonse Pittet et Claire Desaulniers nourrir les valeurs que le milieu rural produit pour la société.

« J'ai beaucoup d'admiration pour les gens qui développent de petites fermes qui marchent souvent très bien, affirme Alphonse, mais, moi, je m'y ennuierais. » Lui, il a besoin de gérer grand, d'apprendre constamment, de mettre en marche de nouveaux projets. Il pense encore à augmenter le cheptel et à ajouter un cinquième robot, ce qui lui donnerait la marge financière pour réaliser des améliorations environnementales. L'ambition du couple n'est pas d'être très riche et de rouler en carrosse à la retraite. Il s'agit d'une affaire de création.

UNE FERME DONT LA MISSION EST STIMULANTE

Il arrive souvent aux urbains qui s'intéressent épisodiquement à l'agriculture de penser que les petits producteurs sont tous préoccupés par l'environnement et la qualité et que les gros sont très loin de ces considérations. Voici la mission que les Pittet ont définie pour leur ferme il y a plusieurs années et qu'ils citent de mémoire :

« La ferme Pittet est un lieu d'épanouissement pour toutes les personnes qui y travaillent et celles qui contribuent à son développement. La ferme Pittet livre un lait de qualité tout en respectant les ressources utilisées en vue d'en assurer un usage durable. La ferme Pittet, par ses activités, contribue à la vitalité socioéconomique de sa région. »

Alphonse et Claire reconnaissent que cette mission n'est pas toujours facile à concrétiser. Mais il ne leur arrive pas souvent de s'en écarter. Il est rare qu'ils fassent affaire avec des fournisseurs en dehors de la région, recherchent prioritairement des employés locaux et privilégient leur coopérative régionale.

« Il est parfois difficile de mettre en pratique certaines théories agroenvironnementales. Il y a parfois des compromis à trouver entre ce qu'on doit et ce qu'on peut faire. Dans ce domaine, il y a encore de la recherche à poursuivre. J'ai été obligé, ce printemps, de prendre la décision difficile de faire des épandages de lisier alors que les sols étaient encore humides, ce qui a entraîné de la compaction », regrette Alphonse.

Ils recherchent constamment leur propre épanouissement et celui de leurs enfants, employés et partenaires. « Il y a des périodes où le dialogue est plus difficile même entre nous, car les contraintes sont parfois très grandes, ajoute Claire. Nous sortons d'une période où les exigences étaient tellement lourdes que l'on avait à peine le temps de se parler. Mais nous en sortons plus forts. »

SE RÉALISER ET CONTRIBUER À CE QUE D'AUTRES SE RÉALISENT

Claire explique : « La ferme n'est pas qu'un gagne-pain, c'est un lieu pour relever des défis, pour s'accomplir. Le plus grand bénéfice de cette entreprise a été l'obligation de former une solide équipe entre Alphonse et moi. Cette complicité qui se vit au jour le jour m'apporte la sécurité, l'espoir dans l'avenir, la confiance. Lorsqu'on se sent bousculés par une multitude de décisions ou de difficultés et qu'on se dit qu'on n'a pas le temps de tout régler, l'un de nous propose un déjeuner à l'extérieur de la maison. On se donne rendez-vous et on met sur notre table de travail un ordre du jour. Ceci nous permet de réfléchir, chacun de son côté. Puis, à la rencontre, loin du téléphone, des bruits de la maison, des visiteurs, des conseillers, des fournisseurs, des employés, on se fait un plan d'action. D'habitude, la conclusion est : « On est la meilleure équipe. »

Ce climat d'échange, les Pittet souhaitent le partager avec leurs sept employés pour lesquels ils nourrissent estime et admiration. « Nos employés partagent les mêmes valeurs que nous : respect des autres, de l'environnement, intégrité, partage, sens de la famille. » Certains sont là depuis plusieurs années. Les propriétaires les encouragent à développer leurs capacités et leurs connaissances. En 2009 et 2010, la ferme a affronté des difficultés importantes dues à des étés pluvieux qui ont entraîné une mauvaise qualité des fourrages et, par conséquent, moins de production. Les Pittet ont été obligés de demander aux employés un gel des salaires, ce qu'ils ont accepté. Heureusement, les choses se sont replacées en 2011 et les salaires ont été réajustés. Cela en dit long sur le climat de confiance qui règne au sein du groupe ainsi que sur son intégrité.

Les Pittet sont heureux de voir que leurs deux fils partagent ces valeurs. L'un poursuit des études de génie et l'autre développe actuellement sa propre entreprise tout en travaillant dans celle de ses parents. « Ils savent qu'ils doivent faire leurs preuves, que c'est leur intégrité qui fera leur réputation. Ils ont le sens du travail. Nous nous apprêtons à transmettre 20 % des parts de notre entreprise à notre fils qui nous a demandé récemment s'il les méritait, car il en doutait. »

Il faut dire que la transmission d'une entreprise comme la ferme Pittet représente des défis. Les sommes en jeu sont immenses, et les jeunes qui veulent prendre la relève ne disposent pas du capital requis. Les Pittet ne visent pas à recevoir l'équivalent de la valeur nette de leur entreprise lorsqu'ils se retireront. Ils se préparent à en assurer la pérennité en la transmettant d'une façon qui sera accessible à ceux qui veulent reprendre le flambeau, qu'il s'agisse de leur fils ou d'un employé. Leurs investissements n'ont jamais eu pour objectif de leur procurer une vie de pacha. Si tel avait été le cas, il aurait été préférable qu'ils ne fassent pas ces investissements qui ont exercé plus de pression financière.

LE GRAND PLAISIR D'APPRENDRE

L'un des moyens que privilégient les Pittet pour se réaliser est la rencontre avec leurs collègues agriculteurs et avec toutes sortes de spécialistes, chercheurs et gens d'affaires. Il s'agit, la plupart du temps, de rencontres dans le cadre de la gestion de différents organismes, mais ils sont aussi intéressés par les résultats de recherche et des réflexions plus larges sur différents sujets. Les contacts avec des gens qui pensent différemment d'eux et apportent des points de vue nouveaux sont précieux pour eux et, malgré des charges de travail énormes, ils se libèrent et n'hésitent pas à investir financièrement pour y participer. Ils ont contribué à créer l'un de ces groupes, Gesthumain, qui relie des propriétaires de grandes entreprises agricoles et qui a pour but, entre autres, de les outiller à bien gérer leur personnel.

Alphonse Pittet et Claire Desaulniers sont fiers de leur profession et de leurs compétences professionnelles. Claire a quitté un poste de gestionnaire chez Desjardins pour se consacrer au projet familial. Elle y a apporté des connaissances administratives et des habiletés en gestion des ressources humaines. Les vastes connaissances techniques d'Alphonse lui permettent d'assurer une grande efficacité dans la production laitière. Cette fierté – où ne pointe jamais d'arrogance – héritée de ses parents et de sa formation acquise en Suisse dont il est originaire, se remarque dans les réunions où nous l'avons vu agir. « Lorsque nous sommes arrivés au Québec, nous avons

Alphonse Pittet: «La qualité de vie pour moi c'est d'être un homme libre; libre de penser, d'entreprendre, de réaliser, d'aimer, de transmettre mon savoir, mes valeurs, mes biens. Je vis cette liberté en acceptant les devoirs qui vont avec elle.»

été surpris par deux choses: l'importance de la vie de famille et de l'entraide qui en découlaient, qui n'étaient pas les mêmes dans notre milieu d'origine, et le manque de fierté des agriculteurs face à leur profession. Il y avait autour de nous des agriculteurs qui n'étaient pas véritablement des professionnels de l'agriculture. Mais ceux qui l'étaient sont encore là, ou ce sont leurs enfants qui continuent.» Claire, une Québécoise de souche, explique que si, dans sa famille, les huit enfants ont bien réussi leur vie professionnelle, ils ont tous eu à travailler leur confiance en eux-mêmes. Elle retire d'ailleurs beaucoup de satisfaction à développer la confiance chez les autres. Pour tous les deux, la plus grande satisfaction, observable dans leurs yeux lorsqu'ils en parlent, est d'aider les autres à être meilleurs!

RÉALISER UNE AGRICULTURE DURABLE

Le grand professionnalisme des Pittet s'applique beaucoup à la recherche de solutions environnementales. Le traitement du lisier et la façon dont on le transporte ne les satisfont pas pleinement. Ils ont participé activement à un projet important pour l'amélioration du bassin versant de la rivière des Envies, affluent de la Batiscan, qui traverse leur propriété. Ce projet, auquel 40 des 60 producteurs touchés ont participé, a contribué à changer des pratiques, à établir des bandes riveraines et a été l'occasion d'une belle concertation qui a porté ses fruits en dehors de la région grâce aux méthodes élaborées. «Ce projet de trois ans, pour lequel nous avons eu de l'aide importante, en particulier d'Hydro-Québec, nous a attiré beaucoup de respect

Une journée « Portes ouvertes chez les Pittet » qui favorisent les échanges avec leurs collègues.

de la part des citoyens. Il nous a permis de mieux connaître les autres agriculteurs de la région et de mieux travailler ensemble. »

Alphonse est passionné par ces projets et a apprécié la collaboration des spécialistes du MAPAQ et de l'Université du Québec à Trois-Rivières. « Financièrement, nous n'aurions pas été capables de faire autant. Les chantiers les plus importants étant faits, nous pouvons continuer à en réaliser de plus petits. » Jérémie, le jeune fils du couple, est maintenant capable de gérer ces travaux. « Une terre que l'on achète et qui est en ordre, ça n'existe pas. Il y a du drainage à améliorer, des berges à protéger, du nivelage et des problèmes à corriger... » Pour eux, il s'agit de respecter les biens que Dieu leur a confiés.

PARTICIPER AU DÉVELOPPEMENT DE LEUR RÉGION ET DE LEUR PROFESSION

S'ils ne cherchent pas les postes et les honneurs, on leur en offre beaucoup et ils acceptent régulièrement de contribuer à différents projets. Les honneurs qu'ils ont reçus, comme le titre d'agricultrice de l'année pour Claire, ont tout de même contribué à augmenter leur confiance. Alphonse avoue avoir commencé à intervenir timidement lors des premières réunions auxquelles il participait après son arrivée au Québec. « Le cœur me débattait. Je savais qu'on allait remarquer mon accent. Mais je n'ai pas été jugé et cet accueil m'a donné confiance. »

Le milieu agricole est très structuré. Il est organisé par différents regroupements, et ces organisations doivent être dirigées par des gens qui y consacrent du temps et du talent. Les Pittet font partie de ces gens qui le font pour de bonnes raisons. Ils s'indignent des compagnies qui ne reconnaissent pas l'apport de leurs employés, qui ferment leurs portes sans payer le travail réalisé comme cela s'est déjà fait dans une entreprise de leur région. Ils réclament un juste prix pour le produit de leur travail, mais savent reconnaître celui des autres. Leurs demandes ne se font pas sans considérer les besoins des autres. Pour cela et pour tout ce que nous vous avons présenté à leur sujet, nous les voyons comme des exemples pour le milieu agricole et aussi pour le milieu urbain.

La RÉCOLTE du SAVOIR

De nombreux reportages font état du défi d'assurer la relève de l'agriculture. Certains de ceux-ci laissent présager le pire. Et si c'était le mieux que l'on peut attendre de l'avenir? Est-il possible que les transformations auxquelles les futurs agriculteurs seront confrontés leur permettent de mieux vivre de l'agriculture? La clé pour assurer leur avenir se trouve souvent du côté de la connaissance et des compétences.

Le milieu agricole est parfois associé au conservatisme et aux traditions. Pourtant, il s'agit d'un milieu où l'intégration de nouvelles technologies est constante. Tout comme, il y a 60 ans, on y a acquis des méthodes visant à accroître les rendements, pendant les 20 dernières années, des pratiques nouvelles ont permis d'améliorer la protection de l'environnement. Maintenant, comme nous l'avons vu, on s'attache à trouver des moyens d'élaborer des produits santé.

Le nombre de connaissances que doit détenir un agriculteur pour réussir dans son métier est immense. Il doit bien sûr connaître ses sols, sinon il ne sera pas capable d'en maintenir la qualité ni d'en tirer de bonnes récoltes. Il doit connaître aussi les plantes qu'il cultive afin de leur assurer les meilleures conditions de croissance. S'il est éleveur, il doit aussi très bien connaître les caractéristiques propres à ses animaux, tant sur le plan de leur alimentation que de leurs maladies particulières... Il y a déjà ici un bon ensemble de connaissances provenant de la pédologie, de la biologie, de l'agronomie, des sciences vétérinaires... Et nous laissons de côté les connaissances en mécanique et en construction nécessaires aussi.

Mais il ne s'agit pas seulement de bien faire pousser ses plantes et de conserver ses animaux en vie pour réussir en agriculture. Il faut aussi gérer une entreprise. D'autres compétences sont pour cela requises en comptabilité, stratégie de financement, évaluation de résultats technico-économiques, planification du travail, organisation...

Pour tous ceux dont les produits ne sont pas vendus collectivement, la connaissance des marchés, les relations avec les clients, les capacités d'adaptation aux attentes des consommateurs représentent des compétences cruciales.

Et ce n'est pas tout. Un agriculteur qui ne voit pas les changements à venir devient vite très vulnérable. Pour assurer à long terme la survie de son entreprise, il doit évaluer les tendances socioéconomiques, prévoir les changements dans les programmes gouvernementaux, s'y adapter le plus vite possible, donner confiance à ses prêteurs, s'adjoindre de bons fournisseurs, de bons conseillers, de bons employés, les motiver, participer aux organismes agricoles qui ont une influence sur son avenir... Tout cela demande des compétences relationnelles très importantes et exige de s'intéresser à tout ce qui se passe dans la société.

Ceux qui ont des faiblesses trop grandes dans un de ces domaines en paient le prix. Ils doivent devenir des hommes-orchestres. Nombreux à pouvoir jouer tant bien que mal de tous ces instruments, certains réussissent même à jouer assez bien de chacun parce qu'ils apprennent constamment. Ils apprennent de leurs collègues agriculteurs et aussi des nombreux conseillers disponibles dans le milieu agricole : agronomes pour les pratiques agronomiques et environnementales, agroéconomistes pour le conseil en gestion et en financement, fiscalistes, comptables, techniciens spécialisés, etc. En hiver, la quantité de cours, colloques, conférences offerts aux agriculteurs est impressionnante.

Les agriculteurs qui innovent vont aussi voir ailleurs. La plupart des fromagers artisanaux ont été inspirés et parfois formés par le savoir français et suisse dans le domaine. Aux Jardins de la Grelinette, on a systématisé l'importation du savoir par des séjours à l'étranger. Lucie Cadieux s'est inspirée d'une formule européenne pour élaborer l'IGP qui lui permet de valoriser son produit. Non seulement les agriculteurs doivent acquérir de nombreux savoirs spécialisés, mais ils doivent aussi voir plus grand et plus loin, et les voyages y contribuent grandement.

Les chercheurs jouent un rôle important pour assurer l'avenir de l'agriculture québécoise. Sans des recherches comme celles d'André Gosselin, il serait difficile d'envisager l'avenir avec confiance. Ce sont eux qui peuvent trouver des moyens de concilier toutes les attentes que l'on a envers l'agriculture. Des centres de recherche de niveau international comme l'Institut des nutraceutiques et des aliments fonctionnels (INAF), l'Institut de recherche et de développement en agroenvironnement (IRDA) et bien d'autres proposent aux agriculteurs des pratiques nouvelles répondant aux défis actuels.

Sans recherche, sans conseil, sans acquisition constante des connaissances ni améliorations des compétences, il est vrai que l'agriculture est en danger. Il n'y aura dans l'avenir que de la place pour ceux et celles qui feront preuve de grande compétence tant sur le plan des techniques agronomiques que de la gestion et des relations avec leur milieu. Et il y a toujours de nombreux jeunes pour tenter l'aventure. N'est-ce pas important de leur fournir tout le savoir dont ils ont besoin pour réussir?

On ne peut pas dire qu'en ce moment les priorités d'investissement soient du côté de la recherche et de la formation, même si le Québec dispose d'institutions de qualité. L'image du secteur n'attire pas autant d'étudiants prometteurs qu'il le devrait compte tenu de ses belles perspectives de carrière. L'importance des défis actuels pourrait par ailleurs injecter de l'enthousiasme dans le domaine du développement des savoirs où se joue l'avenir de bien des gens.

ELNOVA

Plaidoyer POUR une AGRICULTURE RENOUVELÉE

Le parcours se termine. Chacune de nous a interviewé 10 des 20 personnes ou équipes que nous avions choisies ensemble. Après chacun des entretiens, nous avions toujours le réflexe d'écrire à l'autre pour lui dire combien les personnes rencontrées avaient été intéressantes et inspirantes. Elles ont joué un rôle d'exemple pour nous tout en nous confirmant que la vision que nous avions pour l'agriculture était possible à réaliser. Nous avons remarqué chez elles des caractéristiques communes.

Ce sont des gens qui ne vivent pas dans la peur. Ils travaillent dans la confiance. Ils ont couru des risques, car leurs initiatives, non seulement n'étaient pas assurées par de l'aide ou des programmes gouvernementaux comme c'est le cas dans une grande partie de l'agriculture actuelle, mais elles étaient parfois même déconseillées par les spécialistes. Lorsque ces gens ont bénéficié d'aide financière, ils l'ont utilisée de façon stratégique et responsable.

Aucun d'eux ne se considère comme une victime du « système » dans lequel il vit. Ils le critiquent, l'améliorent parfois et savent rester maîtres de leur destin. Ils sont mus par un idéal et une mission qui portent tous leurs projets. Cette mission s'est souvent dessinée par une ouverture sur le monde. Elle les inspire longtemps, car ils ne se contentent pas de premiers succès et cherchent toujours à faire mieux.

Nos interlocuteurs valorisent tous la connaissance que ce soit par la formation, la recherche, les voyages, les contacts avec des personnes qui les enrichissent, ce qui les amène souvent à établir toutes sortes de partenariats. Ils ont une vision large et développent des intérêts dans toutes sortes de domaines et, bien sûr, manifestent de grandes capacités intellectuelles, relationnelles et créatives.

Les échanges que nous avons eus nous ont convaincues que notre petit territoire nordique, avec ses limites et ses possibilités, avec les gens qui en sont les artisans, avec l'appui dont il bénéficie, pourrait devenir un jardin magnifique.

Imaginons des fermes de toutes dimensions, appuyées non pas en fonction de normes prescrites pour l'ensemble du pays, mais selon leurs besoins, les particularités de leur projet, de leur production et de leur région.

Imaginons que l'aide ne soit pas offerte uniquement en fonction des volumes produits, mais aussi pour tous les autres services que les agriculteurs rendent à la société: biens environnementaux, qualité du paysage, contribution à l'économie régionale...

Imaginons des jeunes – et des moins jeunes – soutenus dans des projets innovateurs sans qu'on les force à entrer dans le rang, mais plutôt en leur permettant d'expérimenter et de sortir des sentiers battus.

Imaginons que tout soit mis en œuvre pour que la connaissance se crée et se diffuse dans tout le milieu agricole afin que nous réussissions à faire une agriculture efficace qui préserve à long terme nos ressources.

Imaginons que ces connaissances améliorent toujours la qualité et les propriétés des produits afin qu'elles jouent un rôle positif sur notre santé...

Imaginons des formes de soutien qui ne rendent pas les agriculteurs vulnérables, mais les défendent face aux menaces, les préparent à les affronter et les préservent du pire...

Imaginons une agriculture singulière qui se distingue des autres agricultures du monde, où elle se fera une place, et plurielle, car elle sera constituée d'entreprises agricoles diversifiées...

Imaginons une agriculture qui nous ressemble et qui reste ouverte sur le monde...

Cela est possible, car des gens l'ont fait!

Ces gens l'ont fait parce que des consommateurs demandaient leurs produits. Le goût des consommateurs pour des produits fins a soutenu le développement des fromageries artisanales et de l'agneau de Charlevoix. L'intérêt des consommateurs pour des produits santé a suscité le développement des productions horticoles et des nutraceutiques. Les consommateurs demandent plus de produits bios que l'on en fournit actuellement.

Les consommateurs changent donc l'agriculture. Ils vont la changer encore. En choisissant des produits du Québec ou pas, des produits labellisés ou pas, issus de l'agriculture biologique, raisonnée ou traditionnelle, en achetant des prix, de l'exclusivité, des garanties santé, etc., ils auront une influence marquante sur l'évolution de nos campagnes. D'où la nécessité de rétablir le dialogue.

Les consommateurs sont aussi des contribuables. Maintenir une agriculture québécoise a un prix : un milliard par année. Ça vaut le « coût » pour une agriculture qui leur donne les produits qu'ils veulent, la sécurité alimentaire, le maintien de nos régions, de nos paysages et de nos ressources. Ça vaut le coup pour donner aux agriculteurs des revenus stables et la bonne qualité de vie qu'ils méritent.

Actuellement, ce milliard ne donne pas ces résultats. On peut faire les choses autrement ; nous en sommes convaincues. L'agriculture pourrait aller mieux. Nous croyons que les difficultés actuelles ne sont pas inéluctables. Nous pouvons choisir de faire autrement et de réussir. Nous avons toujours le choix !

REMERCIEMENTS

Nous souhaitons remercier sincèrement nos premiers lecteurs, madame Marie Mantha, monsieur Daniel Beauchesne, monsieur Guy Debailleul et monsieur Michel Saint-Pierre pour les conseils qu'ils nous ont fournis.

Nous remercions aussi madame Marie Boucher qui a assuré la production de notre document.

Nous sommes reconnaissantes aux Éditions La Presse d'avoir porté intérêt à notre projet et à l'agriculture du Québec. Nous remercions madame Martine Pelletier et madame Sylvie Latour de l'appui qu'elles nous ont manifesté.

CRÉDITS PHOTOGRAPHIQUES

Couverture arrière
- Caroline Clouâtre (Suzanne Dion)
- Cheezz (Pascale Tremblay)

p. 28 Pascale Tremblay/collection personnelle
p. 31 Stéphanie Ouellet/Fromagerie du Presbytère
p. 34 Suzanne Dion/collection personnelle
p. 37 Pierre Rochette/ Laiterie Charlevoix Baie-Saint-Paul
p. 38 Le Coopérateur agricole
p. 40 Pascale Tremblay/collection personnelle
p. 43 Clément Pouliot/collection personnelle
p. 48 Jean-Pierre Léger pour Les Rôtisseries St-Hubert Ltée
p. 55 Virginie Gosselin, www.madebyvigo.com
pp. 57-58 Pascale Tremblay/collection personnelle
p. 64 Xavier Girard Lachaîne/Société-Orignal
p. 71 Robert Beauchemin/collection personnelle
p. 73 Le Coopérateur agricole
p. 77 Le Coopérateur agricole
p. 87 Jean-Martin Fortier/Les jardins de la Gelinette
pp. 89-90 Pascale Tremblay/collection personnelle
p. 96 Api-Culture Hautes Laurentides
p. 98 Api-Culture Hautes Laurentides
p. 101 Api-Culture Hautes Laurentides
p. 103 Fabien Girard/collection personnelle
p. 108, p. 111 AmiEs de la Terre de l'Estrie
p. 117 Jean-Martin Fortier/Les Jardins de la Grelinette
pp. 119-120 S.C.A. Ile-aux-Grues
p. 123, p. 128 Christian Barthomeuf /collection personnelle
p. 129, p. 132 Pascale Tremblay/collection personnelle
p. 136 Éric Morneault/ Domaine Acer
p. 139 Vallier Robert et Nathalie Decaigny/ Domaine Acer
pp. 145-146 Virginie Gosselin, www.madebyvigo.com
p. 152, p. 154, p. 156 Jean-Martin Fortier/Les Jardins de la Grelinette
p. 157 André Gosselin/collection personnelle
p. 158, p. 160 Renée Méthot/Services des relations publiques Université Laval
p. 163, pp. 167-169 Jean-Noel Sanscartier/Le Coopérateur agricole
p. 173 Vallier Robert et Nathalie Decaigny/Domaine Acer

COORDONNÉES

Suzanne Dion	sdion@qc.aira.com
Pascale Tremblay	tremblaypascale@videotron.ca
Api-Culture Hautes Laurentides	Miels@api-culture.com
Clos Saragnat	clos@saragnat.com www.saragnat.com
Coopérative forestière de Girardville	cfg@epicea.org www.epicea.org/a_propos.htm
Domaine Acer	vallierrobert@domaineacer.com www.domaineacer.com
Ferme Éboulmontaise	fermebou@sympatico.ca
Ferme Pittet	alpittet@hotmail.com
Fromagerie Au Gré des Champs	info@augredeschamps.com
Fromagerie du Presbytère	info@fromageriedupresbytere.com www.fromageriedupresbytere.com
Horticulture Indigo	info@horticulture-indigo.com www.horticulture-indigo.com
La Milanaise	meunerie@lamilanaise.com
Laiterie Charlevoix	jlabbe@charlevoix.net www.fromagescharlevoix.com
Les Jardins de la Grelinette	lagrelinette@yahoo.ca www.lesjardinsdelagrelinette.com
Marché de solidarité de l'Estrie	marche@atestrie.com www.atestrie.com
Société coopérative agricole de L'Isle-aux-Grues	info@fromagesileauxgrues.com www.fromagesileauxgrues.com